Lambacher Schweizer

Mathematik grundlegendes Anforderungsniveau

Berufliches Gymnasium
Baden-Württemberg

Ernst Klett Verlag
Stuttgart · Leipzig · Dortmund

Inhalt

I Geometrie

II Zufallsexperimente und Wahrscheinlichkeiten

III Binomialverteilung

Geraden im Raum (1)

ab Lerneinheit 1

Alle Punkte, deren Ortsvektor sich mittels $\vec{x} = \vec{p} + t \cdot \vec{u}$ mit $t \in R$ berechnen lässt, liegen auf einer Geraden. Der Vektor $\vec{p}$ ist ein **Stützvektor**, der Vektor $\vec{u}$ ein **Richtungsvektor** der Geraden. Die Gleichung $\vec{x} = \vec{p} + t \cdot \vec{u}$ heißt **Parametergleichung der Geraden**.

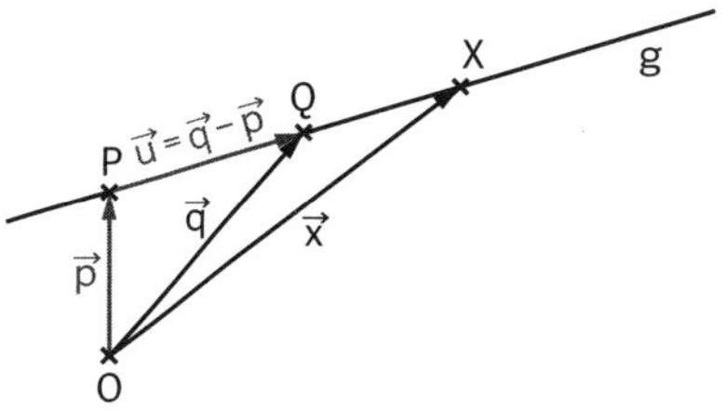

$g: \vec{x} = \vec{p} + t \cdot \vec{u}$

Beispiel:
Die Gerade g wird durch den Stützvektor $\vec{p} = \overrightarrow{OP} = \begin{pmatrix} 1 \\ 2 \\ 3 \end{pmatrix}$

und den Richtungsvektor $\vec{u} = \overrightarrow{PQ} = \begin{pmatrix} -1 \\ 4 \\ 0 \end{pmatrix}$ festgelegt.

$g: \vec{x} = \begin{pmatrix} 1 \\ 2 \\ 3 \end{pmatrix} + t \cdot \begin{pmatrix} -1 \\ 4 \\ 0 \end{pmatrix}$ ist eine Parametergleichung von g.

Setzt man für den Parameter t reelle Zahlen ein, so erhält man Ortsvektoren von Punkten, die auf der Geraden g liegen. Beispielsweise erhält man für $t = 2$ den Punkt Q(−1 | 10 | 3) der Geraden g.

Zwei Punkte legen eine **Gerade** fest.

Beispiel:
Eine Gerade g verläuft durch die beiden Punkte P(3 | 2 | 1) und Q(5 | −1 | 4).
Gesucht ist eine Parametergleichung der Geraden.

1. Stützvektor festlegen: z.B. $\vec{p} = \overrightarrow{OP} = \begin{pmatrix} 3 \\ 2 \\ 1 \end{pmatrix}$; auch $\vec{q} = \overrightarrow{OQ} = \begin{pmatrix} 5 \\ -1 \\ 4 \end{pmatrix}$ ist möglich.

2. Richtungsvektor berechnen: z.B. $\vec{u} = \overrightarrow{PQ} = \vec{q} - \vec{p} = \begin{pmatrix} 5 \\ -1 \\ 4 \end{pmatrix} - \begin{pmatrix} 3 \\ 2 \\ 1 \end{pmatrix} = \begin{pmatrix} 2 \\ -3 \\ 3 \end{pmatrix}$.

3. Parametergleichung aufstellen: $g: \vec{x} = \vec{p} + t \cdot \vec{u}$, also $g: \vec{x} = \begin{pmatrix} 3 \\ 2 \\ 1 \end{pmatrix} + t \cdot \begin{pmatrix} 2 \\ -3 \\ 3 \end{pmatrix}$.

1 Bestimmen Sie zwei verschiedene Parametergleichungen der Geraden g, die durch die Punkte P(1 | 4 | 5) und Q(−2 | 3 | 0) festgelegt wird.
Eine Parametergleichung von g ergibt sich z.B. mit $\vec{x} = \vec{p} + r \cdot (\vec{q} - \vec{p})$, bzw. $\vec{x} = \overrightarrow{OP} + r \cdot \overrightarrow{PQ}$.

$\vec{p} = \overrightarrow{OP} = \begin{pmatrix} 1 \\ \square \\ \square \end{pmatrix}$, $\vec{u} = \overrightarrow{PQ} = \vec{q} - \vec{p} = \begin{pmatrix} \square \\ \square \\ 0 \end{pmatrix} - \begin{pmatrix} \square \\ 4 \\ \square \end{pmatrix} = \begin{pmatrix} -3 \\ \square \\ \square \end{pmatrix}$, $g: \vec{x} = \begin{pmatrix} \square \\ \square \\ \square \end{pmatrix} + r \cdot \begin{pmatrix} \square \\ \square \\ \square \end{pmatrix}$

Eine weitere Parametergleichung von g ergibt sich z.B. mit $\vec{x} = \vec{q} + s \cdot (\vec{p} - \vec{q})$, bzw. $\vec{x} = \overrightarrow{OQ} + s \cdot \overrightarrow{QP}$.

$\vec{q} = \overrightarrow{OQ} = \begin{pmatrix} \square \\ \square \\ \square \end{pmatrix}$, $\vec{u} = \overrightarrow{QP} = \vec{p} - \vec{q} = \begin{pmatrix} \square \\ \square \\ \square \end{pmatrix} - \begin{pmatrix} \square \\ \square \\ \square \end{pmatrix} = \begin{pmatrix} \square \\ \square \\ \square \end{pmatrix}$, $g: \vec{x} = \begin{pmatrix} \square \\ \square \\ \square \end{pmatrix} + s \cdot \begin{pmatrix} \square \\ \square \\ \square \end{pmatrix}$

2 Wo steckt der Fehler? Eine Gerade g verläuft durch die beiden Punkte P(3 | 1 | −1) und Q(−5 | 0 | −2).

Eine mögliche Parametergleichung der Geraden g lautet: $\vec{x} = \begin{pmatrix} 3 \\ 1 \\ -1 \end{pmatrix} + t \cdot \begin{pmatrix} -5 \\ 0 \\ -2 \end{pmatrix}$.

Geben Sie eine richtige Parametergleichung der Geraden g an.

3 Ermitteln Sie für die angegebenen Parameterwerte den Punkt der Geraden g: $\vec{x} = \begin{pmatrix} 2 \\ 6 \\ 3 \end{pmatrix} + t \cdot \begin{pmatrix} 1 \\ -3 \\ 4 \end{pmatrix}$.

a) $t = 1$; $A(\square \mid \square \mid \square)$ b) $t = -4$; $B(\square \mid \square \mid \square)$ c) $t = 0$; $C(\square \mid \square \mid \square)$

Punktprobe: Um zu untersuchen, ob der Punkt $A(4 \mid 6 \mid -5)$ auf der Geraden g: $\vec{x} = \begin{pmatrix} 1 \\ 0 \\ 1 \end{pmatrix} + t \cdot \begin{pmatrix} 1 \\ 2 \\ -2 \end{pmatrix}$ liegt, setzt man den Ortsvektor $\vec{a}$ für den Ortsvektor $\vec{x}$ in die Parametergleichung der Geraden ein und prüft, ob die Vektorgleichung $\begin{pmatrix} 4 \\ 6 \\ -5 \end{pmatrix} = \begin{pmatrix} 1 \\ 0 \\ 1 \end{pmatrix} + t \cdot \begin{pmatrix} 1 \\ 2 \\ -2 \end{pmatrix}$ lösbar ist.

Umgeformt folgt: $t \cdot \begin{pmatrix} 1 \\ 2 \\ -2 \end{pmatrix} = \begin{pmatrix} 3 \\ 6 \\ -6 \end{pmatrix}$, $\begin{aligned} 1t &= 3, \text{ also } t = 3 \\ 2t &= 6, \text{ also } t = 3 \\ -2t &= -6, \text{ also } t = 3 \end{aligned}$

Das LGS ist demnach lösbar, folglich liegt A auf g.

Der Punkt $S(4 \mid 6 \mid 7)$ liegt nicht auf g, da das zugehörige LGS nicht lösbar ist.

4 Untersuchen Sie, ob die Punkte $A(3 \mid 6 \mid 14)$, $B(0 \mid 1 \mid 15)$ und $C(-1 \mid 0 \mid 3)$ auf der Geraden g: $\vec{x} = \begin{pmatrix} -1 \\ 4 \\ 8 \end{pmatrix} + s \cdot \begin{pmatrix} 2 \\ 1 \\ 3 \end{pmatrix}$ bzw. auf der Geraden h: $\vec{x} = \begin{pmatrix} 2 \\ 1 \\ 9 \end{pmatrix} + t \cdot \begin{pmatrix} 1 \\ 0 \\ -3 \end{pmatrix}$ liegen.

5 Gegeben ist die Gerade g: $\vec{x} = \begin{pmatrix} 2 \\ -3 \\ -1 \end{pmatrix} + t \cdot \begin{pmatrix} 3 \\ 0 \\ 2 \end{pmatrix}$. Bestimmen Sie, falls möglich, denjenigen Punkt auf g, …

a) … dessen x_3-Koordinate Null ist.
b) … der in der x_1x_3-Ebene liegt.
c) … der auf der x_1-Achse liegt.
d) … dessen x_1-Koordinate -4 beträgt.

6 Auf welchen Geraden liegen die Seiten des Dreiecks ABC mit $A(2 \mid 3 \mid 0)$, $B(-1 \mid 0 \mid 3)$ und $C(0 \mid 1 \mid 4)$?

Die Seite AB liegt auf der Geraden c mit $\vec{x} = \begin{pmatrix} \square \\ \square \\ \square \end{pmatrix} + r \cdot \begin{pmatrix} \square \\ \square \\ \square \end{pmatrix}$, die Seite AC liegt auf der Geraden b mit $\vec{x} = \begin{pmatrix} \square \\ \square \\ \square \end{pmatrix} + s \cdot \begin{pmatrix} \square \\ \square \\ \square \end{pmatrix}$, die Seite BC liegt auf der Geraden a mit $\vec{x} = \begin{pmatrix} \square \\ \square \\ \square \end{pmatrix} + t \cdot \begin{pmatrix} \square \\ \square \\ \square \end{pmatrix}$.

7 Ein Würfel, dessen Kanten parallel zu den Koordinatenachsen sind, hat die Kantenlänge 5. D liegt im Ursprung des Koordinatensystems.

a) Geben Sie die Koordinaten der Eckpunkte des Würfels an.

$A(\square \mid \square \mid \square)$, $B(\square \mid \square \mid \square)$, $C(\square \mid \square \mid \square)$, $D(\square \mid \square \mid \square)$,
$E(\square \mid \square \mid \square)$, $F(\square \mid \square \mid \square)$, $G(\square \mid \square \mid \square)$, $H(\square \mid \square \mid \square)$

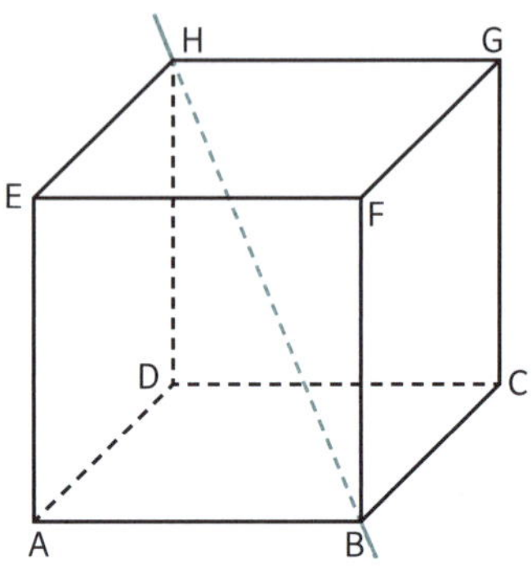

b) Bestimmen Sie Parametergleichungen der Raumdiagonalen durch die Punkte B und H.

g_{BH}: $\vec{x} = \begin{pmatrix} \square \\ \square \\ \square \end{pmatrix} + t \cdot \begin{pmatrix} \square \\ \square \\ \square \end{pmatrix}$

Die Schnittpunkte einer Geraden mit den Koordinatenebenen heißen **Spurpunkte** der Gerade. Mit ihrer Hilfe lässt sich der Verlauf einer Geraden im dreidimensionalen Koordinatensystem besser erkennen.

Der Schnittpunkt einer Geraden mit der x_1x_2-Ebene wird als Spurpunkt S_{12} bezeichnet. Seine dritte Koordinate ist immer 0, d.h. $x_3 = 0$. Die Spurpunkte S_{23} und S_{31} entstehen aus dem Schnitt mit den beiden anderen Koordinatenebenen. Hier gilt entsprechend $x_1 = 0$ bzw. $x_2 = 0$.

Beispiel:
Berechnen Sie die Spurpunkte der Geraden $g: \vec{x} = \begin{pmatrix} -3 \\ 8 \\ 5 \end{pmatrix} + t \cdot \begin{pmatrix} -1 \\ 2 \\ 1 \end{pmatrix}$ und zeichnen Sie die Gerade g.
Da für alle Punkte aus der x_1x_2-Ebene $x_3 = 0$ gilt, folgt aus der dritten Koordinate der Parametergleichung von g, dass $t = -5$.
Eingesetzt in die Parametergleichung von g ergibt sich:

$\vec{s}_{12} = \begin{pmatrix} -3 \\ 8 \\ 5 \end{pmatrix} + (-5) \cdot \begin{pmatrix} -1 \\ 2 \\ 1 \end{pmatrix} = \begin{pmatrix} 2 \\ -2 \\ 0 \end{pmatrix}$ und damit $S_{12}(2\,|-2\,|\,0)$.

Analog erhält man die Spurpunkte $S_{23}(0\,|\,2\,|\,2)$ und $S_{31}(1\,|\,0\,|\,1)$.

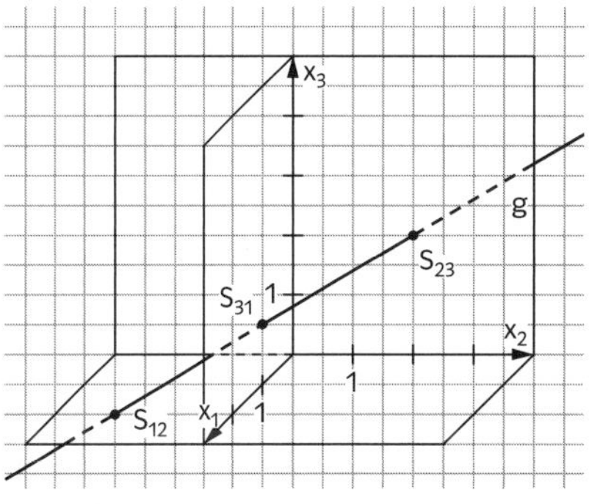

8 Gegeben sind die Spurpunkte. Zeichnen Sie die Gerade in das vorgegebene Koordinatensystem.

a) $S_{12}(3\,|-2\,|\,0)$; $S_{23}(0\,|\,4\,|\,3)$; $S_{31}(2\,|\,0\,|\,1)$

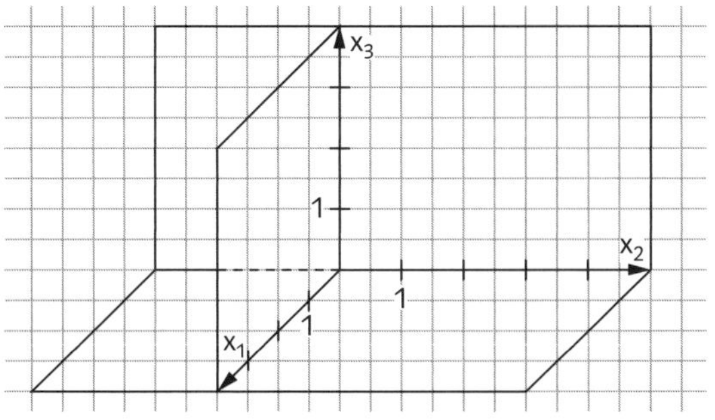

b) $S_{12}(2\,|-2\,|\,0)$, S_{23} existiert nicht; $S_{31}(2\,|\,0\,|\,2)$

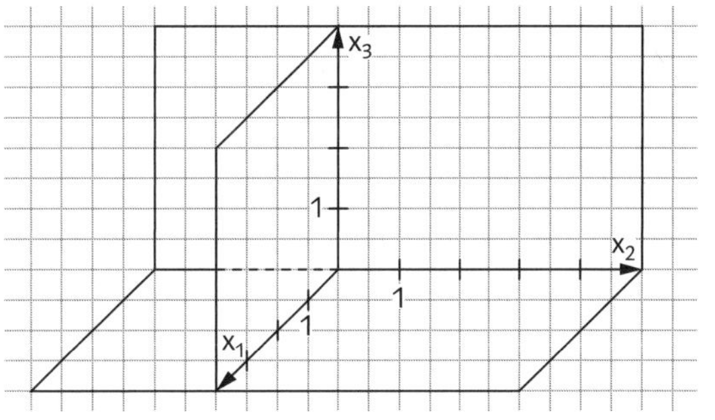

9 Gesucht sind die Spurpunkte der Geraden $g: \vec{x} = \begin{pmatrix} 4 \\ 2 \\ 2 \end{pmatrix} + t \cdot \begin{pmatrix} -1 \\ -1 \\ 2 \end{pmatrix}$.

S_{12}: $x_3 = 0$; $2 + 2 \cdot t = 0$; t = ___

$\vec{s}_{12} = \begin{pmatrix} 4 \\ 2 \\ 2 \end{pmatrix} + \square \cdot \begin{pmatrix} -1 \\ -1 \\ 2 \end{pmatrix} = \begin{pmatrix} \square \\ \square \\ \square \end{pmatrix}$

damit $S_{12}(\square\,|\,\square\,|\,0)$

S_{23}: $x_1 = 0$; ___________; t = ___

$\vec{s}_{23} = \begin{pmatrix} \square \\ \square \\ \square \end{pmatrix} + \square \cdot \begin{pmatrix} \square \\ \square \\ \square \end{pmatrix} = \begin{pmatrix} \square \\ \square \\ \square \end{pmatrix}$

damit $S_{23}(0\,|\,\square\,|\,\square)$

S_{31}: ______; ___________; t = ___

$\vec{s}_{31} = \begin{pmatrix} \square \\ \square \\ \square \end{pmatrix} + \square \cdot \begin{pmatrix} \square \\ \square \\ \square \end{pmatrix} = \begin{pmatrix} \square \\ \square \\ \square \end{pmatrix}$

damit $S_{31}(\square\,|\,0\,|\,\square)$

10 Berechnen Sie die Spurpunkte. Zeichnen Sie anschließend die Gerade g.

a) $g: \vec{x} = \begin{pmatrix} -2 \\ 9 \\ 2 \end{pmatrix} + t \cdot \begin{pmatrix} -2 \\ 6 \\ 1 \end{pmatrix}$
b) $g: \vec{x} = \begin{pmatrix} 3 \\ 0 \\ -1 \end{pmatrix} + t \cdot \begin{pmatrix} 1 \\ 1 \\ -2 \end{pmatrix}$
c) $g: \vec{x} = \begin{pmatrix} 1 \\ 2 \\ -1 \end{pmatrix} + t \cdot \begin{pmatrix} -1 \\ 1 \\ 0 \end{pmatrix}$.

11 Ermitteln Sie eine Parametergleichung der Geraden.

$S_{12}(\square\,|\,\square\,|\,\square)$; $S_{23}(\square\,|\,\square\,|\,\square)$; $S_{31}(\square\,|\,\square\,|\,\square)$

$g: \vec{x} = \begin{pmatrix} \square \\ \square \\ \square \end{pmatrix} + r \cdot \left(\begin{pmatrix} \square \\ \square \\ \square \end{pmatrix} - \begin{pmatrix} \square \\ \square \\ \square \end{pmatrix} \right)$, vereinfacht: $g: \vec{x} = \begin{pmatrix} \square \\ \square \\ \square \end{pmatrix} + t \cdot \begin{pmatrix} \square \\ \square \\ \square \end{pmatrix}$.

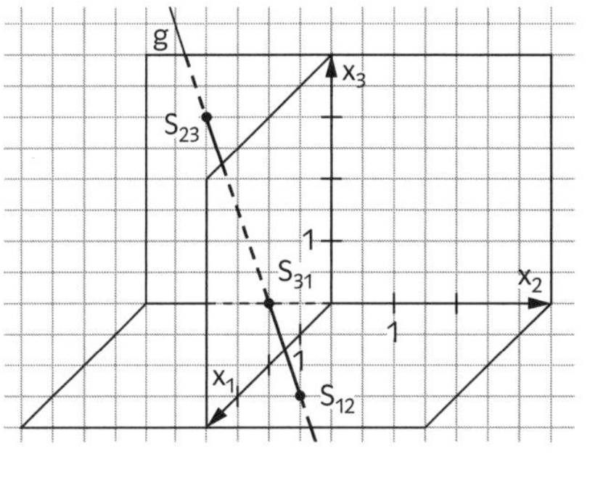

Um die gegenseitige Lage einer Geraden g_1 und einer Geraden g_2 zu untersuchen, setzt man die rechten Seiten der Parametergleichungen gleich. Daraus ergibt sich ein lineares Gleichungssystem, an dessen Lösungsmenge man erkennt, wie g_1 und g_2 zueinander liegen.

Hat das LGS eine Lösung, **schneiden** sich die Geraden in einem Schnittpunkt. Gibt es unendlich viele Lösungen, sind die beiden Geraden **identisch**. Hat das LGS keine Lösung, sind die beiden Geraden windschief oder parallel. In diesem Fall wird eine weitere Überprüfung notwendig: Sind die Richtungsvektoren nicht kollinear, sind die beiden Geraden **windschief**. Sind sie kollinear, so sind die Geraden **parallel**.

Beispiel: Die Gerade g_1 mit der Parametergleichung $\vec{x} = \begin{pmatrix} -1 \\ 2 \\ 2 \end{pmatrix} + r \cdot \begin{pmatrix} 1 \\ 4 \\ 3 \end{pmatrix}$ ist für alle vier Fälle dieselbe.

1. Fall: „Schnittpunkt"

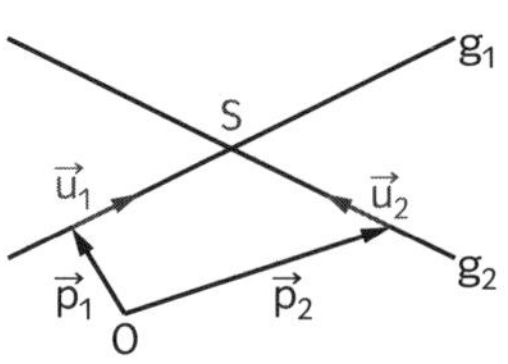

$g_2: \vec{x} = \begin{pmatrix} 0 \\ 6 \\ 5 \end{pmatrix} + s \cdot \begin{pmatrix} 2 \\ 3 \\ -1 \end{pmatrix}$

Gleichsetzen:

$$\begin{pmatrix} -1 \\ 2 \\ 2 \end{pmatrix} + r \cdot \begin{pmatrix} 1 \\ 4 \\ 3 \end{pmatrix} = \begin{pmatrix} 0 \\ 6 \\ 5 \end{pmatrix} + s \cdot \begin{pmatrix} 2 \\ 3 \\ -1 \end{pmatrix}$$

Umformen:

$$\begin{array}{rl} r - 2s = 1 & | \cdot (-4) \\ 4r - 3s = 4 & \\ 3r + s = 3 & \text{in (3):} \quad 3 \cdot 1 + 0 = 3 \text{ (w)} \end{array} \quad \Big\} + \quad r = 1;\ s = 0$$

Das LGS hat genau eine Lösung, also gibt es einen Schnittpunkt.

Schnittpunkt berechnen:
Mit $s = 0$ ergibt sich aus der Gleichung von g_2

$$\vec{s} = \begin{pmatrix} 0 \\ 6 \\ 5 \end{pmatrix} + 0 \cdot \begin{pmatrix} 2 \\ 3 \\ -1 \end{pmatrix} = \begin{pmatrix} 0 \\ 6 \\ 5 \end{pmatrix}$$

der Ortsvektor des Schnittpunktes $S(0|6|5)$.

2. Fall: „windschief"

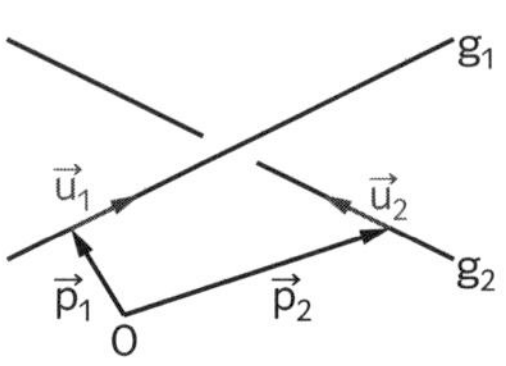

$g_2: \vec{x} = \begin{pmatrix} 1 \\ 2 \\ 5 \end{pmatrix} + s \cdot \begin{pmatrix} 2 \\ 3 \\ -1 \end{pmatrix}$

Gleichsetzen:

$$\begin{pmatrix} -1 \\ 2 \\ 2 \end{pmatrix} + r \cdot \begin{pmatrix} 1 \\ 4 \\ 3 \end{pmatrix} = \begin{pmatrix} 1 \\ 2 \\ 5 \end{pmatrix} + s \cdot \begin{pmatrix} 2 \\ 3 \\ -1 \end{pmatrix}$$

Umformen:

$$\begin{array}{rl} r - 2s = 2 & | \cdot (-4) \\ 4r - 3s = 0 & \\ 3r + s = 3 & \text{in (3):} \quad 3 \cdot \left(-\tfrac{6}{5}\right) + \left(-\tfrac{8}{5}\right) = 3 \text{ (f)} \end{array} \quad \Big\} + \quad r = -\tfrac{6}{5};\ s = -\tfrac{8}{5}$$

Das LGS hat keine Lösung.

Richtungsvektoren überprüfen:

$$\begin{pmatrix} 1 \\ 4 \\ 3 \end{pmatrix} = t \cdot \begin{pmatrix} 2 \\ 3 \\ -1 \end{pmatrix} \qquad \begin{array}{l} t = \frac{1}{2} \\ t = \frac{4}{3} \\ t = -3 \end{array}$$

Die Richtungsvektoren sind nicht kollinear, also sind die Geraden g_1 und g_2 windschief.

Der **3. Fall: „parallel"** und der **4. Fall: „identisch"** folgen im nächsten Kasten.

1 Berechnen Sie die Koordinaten des Schnittpunktes S der beiden Geraden g_1 und g_2.

$g_1: \vec{x} = \begin{pmatrix} 0 \\ 1 \\ -3 \end{pmatrix} + r \cdot \begin{pmatrix} 4 \\ 1 \\ 2 \end{pmatrix}$, $\quad g_2: \vec{x} = \begin{pmatrix} 1 \\ -2{,}5 \\ 5 \end{pmatrix} + s \cdot \begin{pmatrix} 3 \\ 2 \\ -1 \end{pmatrix}$

Gleichsetzen:

$$\begin{pmatrix} 0 \\ \square \\ -3 \end{pmatrix} + r \cdot \begin{pmatrix} \square \\ 1 \\ \square \end{pmatrix} = \begin{pmatrix} \square \\ -2{,}5 \\ \square \end{pmatrix} + s \cdot \begin{pmatrix} \square \\ \square \\ \square \end{pmatrix}$$

Umformen:

$$\begin{array}{l} 4r - 3s = 1 \\ r \ \square\ s = \square \\ r \ \square\ s = \square \end{array} \quad \Big\} \ r = \square;\ s = \square$$

in (3): ____________________

____

Das LGS hat genau eine Lösung, also gibt es einen Schnittpunkt.

Schnittpunkt berechnen:
Mit $r = \square$ ergibt sich aus der Gleichung von g_1

$$\vec{s} = \begin{pmatrix} 0 \\ \square \\ -3 \end{pmatrix} + \square \cdot \begin{pmatrix} \square \\ 1 \\ \square \end{pmatrix} = \begin{pmatrix} \square \\ \square \\ \square \end{pmatrix}$$

der Ortsvektor des Schnittpunktes $S(\square | \square | \square)$.

2 Zeigen Sie, dass die beiden Geraden g_1 und g_2 zueinander windschief sind.

$g_1: \vec{x} = \begin{pmatrix} 1 \\ 0 \\ 2 \end{pmatrix} + r \cdot \begin{pmatrix} 2 \\ 3 \\ 5 \end{pmatrix}$, $g_2: \vec{x} = \begin{pmatrix} 2 \\ 2 \\ 4 \end{pmatrix} + s \cdot \begin{pmatrix} 1 \\ -1 \\ 1 \end{pmatrix}$.

Gleichsetzen:

$\begin{pmatrix} \square \\ \square \\ \square \end{pmatrix} + \square \cdot \begin{pmatrix} \square \\ \square \\ \square \end{pmatrix} = \begin{pmatrix} \square \\ \square \\ \square \end{pmatrix} + \square \cdot \begin{pmatrix} \square \\ \square \\ \square \end{pmatrix}$

Umformen:

____
________________ } r = ___ ; s = ___
____

in (3): ________________

____

Richtungsvektoren überprüfen:

$\begin{pmatrix} \square \\ \square \\ \square \end{pmatrix} = t \begin{pmatrix} \square \\ \square \\ \square \end{pmatrix}$ t = ______ t = ______ t = ______

____

Also sind die Geraden g_1 und g_2 windschief.

Es folgen der 3. Fall: „parallel" und der 4. Fall: „identisch" bei der Lagebeziehung zweier Geraden.

Gegeben ist die Gerade g_1 mit der Parametergleichung $\vec{x} = \begin{pmatrix} -1 \\ 2 \\ 2 \end{pmatrix} + r \cdot \begin{pmatrix} 1 \\ 4 \\ 3 \end{pmatrix}$.

3. Fall: „parallel"

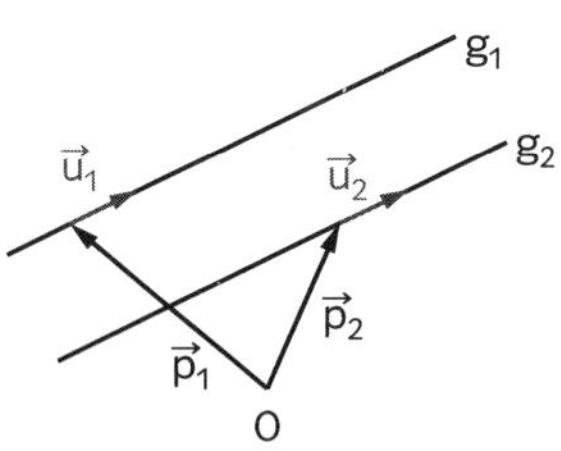

$g_2: \vec{x} = \begin{pmatrix} -1 \\ 6 \\ 5 \end{pmatrix} + s \cdot \begin{pmatrix} 2 \\ 8 \\ 6 \end{pmatrix}$

Gleichsetzen:

$\begin{pmatrix} -1 \\ 2 \\ 2 \end{pmatrix} + r \cdot \begin{pmatrix} 1 \\ 4 \\ 3 \end{pmatrix} = \begin{pmatrix} -1 \\ 6 \\ 5 \end{pmatrix} + s \cdot \begin{pmatrix} 2 \\ 8 \\ 6 \end{pmatrix}$

Umformen:

$r - 2s = 0 \quad | \cdot (-4)$
$4r - 8s = 4$ (+) $\Big\} \; 0 = 4$ (f)
$3r - 6s = 3$

Das LGS hat keine Lösung.

Richtungsvektoren überprüfen:

$\begin{pmatrix} 1 \\ 4 \\ 3 \end{pmatrix} = t \cdot \begin{pmatrix} 2 \\ 8 \\ 6 \end{pmatrix}$ $t = \frac{1}{2}$, $t = \frac{1}{2}$, $t = \frac{1}{2}$

Die Richtungsvektoren sind damit kollinear, also sind die Geraden g_1 und g_2 parallel.

4. Fall: „identisch"

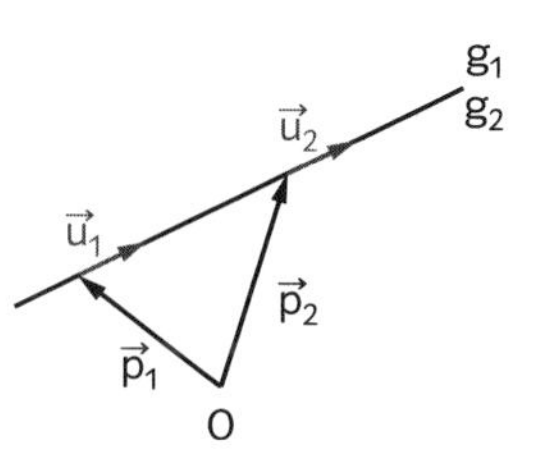

$g_2: \vec{x} = \begin{pmatrix} 0 \\ 6 \\ 5 \end{pmatrix} + s \cdot \begin{pmatrix} 2 \\ 8 \\ 6 \end{pmatrix}$

Gleichsetzen:

$\begin{pmatrix} -1 \\ 2 \\ 2 \end{pmatrix} + r \cdot \begin{pmatrix} 1 \\ 4 \\ 3 \end{pmatrix} = \begin{pmatrix} 0 \\ 6 \\ 5 \end{pmatrix} + s \cdot \begin{pmatrix} 2 \\ 8 \\ 6 \end{pmatrix}$

Umformen:

$r - 2s = 1 \quad | \cdot (-4)$
$4r - 8s = 4$ (+) $\Big\} \; 0 = 0$ (w)
$3r - 6s = 3$

Das LGS hat unendlich viele Lösungen, also sind die Geraden g_1 und g_2 identisch.

Bemerkung: Bei der Betrachtung der Lagebeziehung muss man darauf achten, dass die Parameter der beiden Geraden verschieden bezeichnet sind. Gegebenenfalls muss man die Parameter umbenennen.

---

3 Untersuchen Sie, ob die Gerade g_1 parallel zur Geraden g_2 verläuft oder ob die Geraden identisch sind.

a) $g_1: \vec{x} = \begin{pmatrix} 1 \\ 0 \\ 2 \end{pmatrix} + r \cdot \begin{pmatrix} -1 \\ 2 \\ 4 \end{pmatrix}$, $g_2: \vec{x} = \begin{pmatrix} 1 \\ 1 \\ 3 \end{pmatrix} + s \cdot \begin{pmatrix} 2 \\ -4 \\ -8 \end{pmatrix}$

b) $g_1: \vec{x} = \begin{pmatrix} 1 \\ 5 \\ -2 \end{pmatrix} + t \cdot \begin{pmatrix} 3 \\ 0 \\ 1 \end{pmatrix}$, $g_2: \vec{x} = \begin{pmatrix} 10 \\ 5 \\ 1 \end{pmatrix} + t \cdot \begin{pmatrix} 9 \\ 0 \\ 3 \end{pmatrix}$

4 P, Q, R und S sind jeweils Schnittpunkte von zwei Geraden. Ordnen Sie die Punkte ihren Geraden zu. Füllen Sie in d) die Lücken so aus, dass der noch nicht zugeordnete Punkt Schnittpunkt dieser Geraden ist.

a) $g: \vec{x} = \begin{pmatrix} 1 \\ 0 \\ 3 \end{pmatrix} + t \cdot \begin{pmatrix} -1 \\ 4 \\ 2 \end{pmatrix}$

$h: \vec{x} = \begin{pmatrix} 1 \\ 0 \\ 3 \end{pmatrix} + t \cdot \begin{pmatrix} 2 \\ -1 \\ 3 \end{pmatrix}$

b) $g: \vec{x} = \begin{pmatrix} 1 \\ 0 \\ 3 \end{pmatrix} + t \cdot \begin{pmatrix} -1 \\ 4 \\ 2 \end{pmatrix}$

$k: \vec{x} = \begin{pmatrix} 1 \\ -7 \\ -4 \end{pmatrix} + t \cdot \begin{pmatrix} 2 \\ -1 \\ 3 \end{pmatrix}$

c) $h: \vec{x} = \begin{pmatrix} 1 \\ 0 \\ 3 \end{pmatrix} + t \cdot \begin{pmatrix} 2 \\ -1 \\ 3 \end{pmatrix}$

$l: \vec{x} = \begin{pmatrix} -4 \\ 4{,}5 \\ 9{,}5 \end{pmatrix} + t \cdot \begin{pmatrix} -1 \\ 1 \\ 2 \end{pmatrix}$

d) $m: \vec{x} = \begin{pmatrix} 1 \\ 2 \\ 3 \end{pmatrix} + t \cdot \begin{pmatrix} \underline{\quad} \\ -1 \\ \underline{\quad} \end{pmatrix}$

$n: \vec{x} = \begin{pmatrix} 1 \\ \underline{\quad} \\ 3 \end{pmatrix} + t \cdot \begin{pmatrix} 3 \\ 0{,}5 \\ \underline{\quad} \end{pmatrix}$

P(3 | −8 | −1)

R(0 | 0 | 0)

S(1 | 0 | 3)

Q(0 | 0,5 | 1,5)

5 Geben Sie alle Werte von a, b, c und d an, für die die Geraden g und h die vorgegebene Lage haben.

a) $g: \vec{x} = \begin{pmatrix} a \\ 1 \\ 3 \end{pmatrix} + r \cdot \begin{pmatrix} 1 \\ 0{,}5 \\ -0{,}5 \end{pmatrix}$; $h: \vec{x} = \begin{pmatrix} 0 \\ 2 \\ 2 \end{pmatrix} + s \cdot \begin{pmatrix} 2 \\ 1 \\ -1 \end{pmatrix}$, g und h sollen parallel sein

b) $g: \vec{x} = \begin{pmatrix} 2 \\ 8 \\ 6 \end{pmatrix} + r \cdot \begin{pmatrix} 1 \\ 3 \\ 4 \end{pmatrix}$; $h: \vec{x} = \begin{pmatrix} 0 \\ 1 \\ -2 \end{pmatrix} + s \cdot \begin{pmatrix} 2 \\ b \\ 8 \end{pmatrix}$, g und h sollen parallel sein

c) $g: \vec{x} = \begin{pmatrix} 1 \\ 0 \\ 2 \end{pmatrix} + r \cdot \begin{pmatrix} 2 \\ 3 \\ 0 \end{pmatrix}$; $h: \vec{x} = \begin{pmatrix} 1 \\ 0 \\ d \end{pmatrix} + s \cdot \begin{pmatrix} 2 \\ c \\ 0 \end{pmatrix}$, g und h sollen windschief sein

6 Untersuchen Sie, welche der Geraden g, h und k sich jeweils schneiden. Ermitteln Sie dann deren Schnittpunkte.

$g: \vec{x} = \begin{pmatrix} 1 \\ 2 \\ 0 \end{pmatrix} + t \cdot \begin{pmatrix} -1 \\ 3 \\ 3 \end{pmatrix}$, $h: \vec{x} = \begin{pmatrix} 3 \\ -4 \\ -6 \end{pmatrix} + t \cdot \begin{pmatrix} 3 \\ 1 \\ 2 \end{pmatrix}$, $k: \vec{x} = \begin{pmatrix} 4 \\ 3 \\ 6 \end{pmatrix} + t \cdot \begin{pmatrix} 2 \\ -6 \\ -6 \end{pmatrix}$

7 Gegeben sind die Parametergleichungen zweier Geraden. Entscheiden Sie, welche der Aussagen wahr und welche falsch sind.

	wahr	falsch
a) Wenn die Stützvektoren Vielfache voneinander sind, sind die Geraden parallel.	☐	☐
b) Wenn die Richtungsvektoren Vielfache voneinander sind, sind die Geraden parallel.	☐	☐
c) Hat das LGS nach dem Gleichsetzen der rechten Seiten der Parametergleichungen keine Lösung, so sind die Geraden immer windschief.	☐	☐
d) Sind die Richtungsvektoren Vielfache voneinander, reicht zur Überprüfung der Lagebeziehung auch eine Punktprobe.	☐	☐
e) Hat das LGS nach dem Gleichsetzen der rechten Seiten der Parametergleichungen genau eine Lösung, so sind die Geraden identisch.	☐	☐
f) Wenn zwei Geraden parallel sind, dann ist der Differenzvektor der beiden Stützvektoren kein Vielfaches der Richtungsvektoren.	☐	☐
g) Wenn zwei Geraden identisch sind, dann ist der Differenzvektor der beiden Stützvektoren kein Vielfaches der Richtungsvektoren.	☐	☐
h) Geraden können auch in der Ebene windschief zueinander liegen.	☐	☐

Der Abstand (Q; g) eines Punktes Q von einer Geraden g mit $g\colon \vec{x} = \vec{p} + t \cdot \vec{u}$ ist die kürzeste Entfernung zwischen der Geraden und dem Punkt. Der Abstand wird folgendermaßen berechnet:

- Man stellt mithilfe der Geradengleichung einen allgemeinen Geradenpunkt X auf.
- Man stellt einen Verbindungsvektor $\overrightarrow{QX}$ zwischen dem Punkt Q und dem allgemeinen Geradenpunkt X auf.
- Die kürzeste Verbindung zwischen dem Punkt Q und der Geraden g muss orthogonal zum Richtungsvektor $\vec{u}$ der Geraden g sein. Es muss daher gelten $\overrightarrow{QF} \cdot \vec{u} = 0$.
- Man berechnet aus dieser Gleichung den Wert des Parameters t und ermittelt mithilfe dieses Wertes die Koordinaten des Lotfußpunktes F zum Punkt Q.
- Man berechnet den Vektor $\overrightarrow{QF}$ und seinen Betrag. Der Betrag $|\overrightarrow{QF}|$ ist der gesuchte Abstand.

Beispiel: Gesucht ist der Abstand des Punktes Q(1|2|3) von der Geraden $g\colon \vec{x} = \begin{pmatrix} 4 \\ 3 \\ 2 \end{pmatrix} + t \cdot \begin{pmatrix} 1 \\ 3 \\ 0 \end{pmatrix}$.

Allgemeiner Geradenpunkt: X(4 + t|3 + 3t|2)

Vektor $\overrightarrow{QX} = \begin{pmatrix} 5 + t \\ 5 + 3t \\ 5 + 0 \end{pmatrix}$

$\overrightarrow{QX} \cdot \vec{u} = \begin{pmatrix} 5 + t \\ 5 + 3t \\ 5 \end{pmatrix} \cdot \begin{pmatrix} 1 \\ 3 \\ 0 \end{pmatrix} = 0$

$(5 + t) + (15 + 9t) + 0 = 20 + 10t = 0$; dies ergibt $t = -2$.

Einsetzen von $t = -2$ in die Geradengleichung ergibt den Lotfußpunkt F.

Der Lotfußpunkt F hat die Koordinaten F(2|−3|2).

$\overrightarrow{QF} = \begin{pmatrix} 1 \\ -5 \\ -1 \end{pmatrix}$; $|\overrightarrow{QF}| = \sqrt{1 + 25 + 1}$.

Der Abstand (Q; g) beträgt $\sqrt{27}$ Längeneinheiten.

1 Berechnen Sie den Abstand des Punktes Q von der Geraden g.

a) Q(6|7|−3), $g\colon \vec{x} = \begin{pmatrix} 2 \\ 1 \\ 4 \end{pmatrix} + t \cdot \begin{pmatrix} 3 \\ 0 \\ -2 \end{pmatrix}$

b) Q(−2|−6|1), $g\colon \vec{x} = \begin{pmatrix} 5 \\ 9 \\ 1 \end{pmatrix} + t \cdot \begin{pmatrix} 3 \\ 2 \\ 2 \end{pmatrix}$

c) Q(9|11|6), $g\colon \vec{x} = \begin{pmatrix} -1 \\ 1 \\ -7 \end{pmatrix} + t \cdot \begin{pmatrix} 2 \\ -1 \\ 2 \end{pmatrix}$

d) Q(9|4|9), $g\colon \vec{x} = \begin{pmatrix} 4 \\ -9 \\ -2 \end{pmatrix} + t \cdot \begin{pmatrix} 3 \\ -4 \\ 1 \end{pmatrix}$

2 Berechnen Sie den Flächeninhalt des Dreiecks ABC.

a) A(1|1|1), B(7|4|7), C(5|6|−1)

b) A(1|−6|0), B(5|−8|4), C(5|7|7)

c) A(−7|−5|2), B(1|9|−6), C(5|−2|−1)

d) A(2|1|0), B(1|1|0), C(5|1|1)

3 Bestimmen Sie die Gerade k, die in der gleichen Ebene wie die Geraden g und h liegt und deren Punkte von g und h den gleichen Abstand haben.

a) $g\colon \vec{x} = \begin{pmatrix} 2 \\ 6 \\ 8 \end{pmatrix} + t \cdot \begin{pmatrix} -4 \\ 3 \\ -2 \end{pmatrix}$, $h\colon \vec{x} = s \cdot \begin{pmatrix} -4 \\ 3 \\ -2 \end{pmatrix}$

b) $g\colon \vec{x} = \begin{pmatrix} 5 \\ 0 \\ 2 \end{pmatrix} + t \cdot \begin{pmatrix} 1 \\ -1 \\ -2 \end{pmatrix}$, $h\colon \vec{x} = \begin{pmatrix} -5 \\ 6 \\ 8 \end{pmatrix} + s \cdot \begin{pmatrix} -1 \\ 1 \\ 2 \end{pmatrix}$

4 Berechnen Sie den Abstand der zueinander parallelen Geraden mit den gegebenen Gleichungen.

a) $g\colon \vec{x} = \begin{pmatrix} 2 \\ 3 \\ -5 \end{pmatrix} + t \cdot \begin{pmatrix} 5 \\ 0 \\ -1 \end{pmatrix}$, $h\colon \vec{x} = \begin{pmatrix} 19 \\ 14 \\ 2 \end{pmatrix} + s \cdot \begin{pmatrix} 10 \\ 0 \\ -2 \end{pmatrix}$

b) $g\colon \vec{x} = \begin{pmatrix} -3 \\ 5 \\ 7 \end{pmatrix} + t \cdot \begin{pmatrix} 2 \\ -6 \\ -1 \end{pmatrix}$, $h\colon \vec{x} = \begin{pmatrix} -1 \\ 16 \\ 27 \end{pmatrix} + s \cdot \begin{pmatrix} -4 \\ 12 \\ 2 \end{pmatrix}$

Um den **Schnittwinkel α zweier sich schneidender Geraden g und h** zu bestimmen, verwendet man die Richtungsvektoren $\vec{u}_1$ und $\vec{u}_2$ der beiden Geraden. Es gilt:

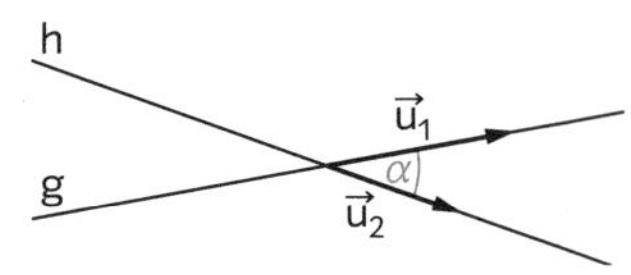

$$\cos(\alpha) = \frac{|\vec{u}_1 \cdot \vec{u}_2|}{|\vec{u}_1| \cdot |\vec{u}_2|}, \quad 0° \le \alpha \le 90°$$

Beispiel: Den Schnittwinkel der beiden Geraden $g: \vec{x} = \begin{pmatrix} 4 \\ 0 \\ 5 \end{pmatrix} + r \cdot \begin{pmatrix} 2 \\ -3 \\ 1 \end{pmatrix}$ und $h: \vec{x} = \begin{pmatrix} 2 \\ 3 \\ 4 \end{pmatrix} + s \cdot \begin{pmatrix} 1 \\ 4 \\ 5 \end{pmatrix}$ berechnet man wie folgt:

$$\cos(\alpha) = \frac{\left|\begin{pmatrix} 2 \\ -3 \\ 1 \end{pmatrix} \cdot \begin{pmatrix} 1 \\ 4 \\ 5 \end{pmatrix}\right|}{\sqrt{2^2 + (-3)^2 + 1^2} \cdot \sqrt{1^2 + 4^2 + 5^2}} = \frac{|2 - 12 + 5|}{\sqrt{14} \cdot \sqrt{42}} = \frac{|-5|}{\sqrt{14} \cdot \sqrt{42}} = \frac{5}{\sqrt{14} \cdot \sqrt{42}}, \text{ d.h. } \alpha \approx 78{,}1°$$

5 Gegeben sind zwei sich schneidende Geraden g und h. Bestimmen Sie die Größe des Schnittwinkels.

a) $g: \vec{x} = \begin{pmatrix} -1 \\ 4 \\ -1 \end{pmatrix} + r \cdot \begin{pmatrix} 1 \\ 4 \\ 2 \end{pmatrix}$; $h: \vec{x} = \begin{pmatrix} 4 \\ 2 \\ 0 \end{pmatrix} + r \cdot \begin{pmatrix} -5 \\ 2 \\ -1 \end{pmatrix}$

$$\cos(\alpha) = \frac{\left|\begin{pmatrix} 1 \\ \square \\ \square \end{pmatrix} \cdot \begin{pmatrix} \square \\ 2 \\ \square \end{pmatrix}\right|}{\sqrt{1^2 + \_\_^2 + \_\_^2} \cdot \sqrt{\_\_^2 + 2^2 + \_\_^2}} = \frac{|-5 + \_\_ + \_\_|}{\sqrt{\_\_} \cdot \sqrt{\_\_}} = \frac{\_\_}{\sqrt{\_\_} \cdot \sqrt{\_\_}}, \text{ d.h. } \alpha \approx \_\_\_\_$$

b) $g: \vec{x} = \begin{pmatrix} 6 \\ -2 \\ 8 \end{pmatrix} + r \cdot \begin{pmatrix} 2 \\ -2 \\ 3 \end{pmatrix}$; $h: \vec{x} = \begin{pmatrix} 2 \\ -5 \\ 5 \end{pmatrix} + r \cdot \begin{pmatrix} 0 \\ 7 \\ -3 \end{pmatrix}$

c) $g: \vec{x} = \begin{pmatrix} 3 \\ 1 \\ 0 \end{pmatrix} + r \cdot \begin{pmatrix} 2 \\ 1 \\ -4 \end{pmatrix}$; $h: \vec{x} = \begin{pmatrix} 5 \\ 2 \\ -4 \end{pmatrix} + s \cdot \begin{pmatrix} 5 \\ -6 \\ -1 \end{pmatrix}$

6 Gegeben sind zwei Geraden g und h. Untersuchen Sie die gegenseitige Lage dieser Geraden. Bestimmen Sie bei sich schneidenden Geraden den Schnittpunkt und den Schnittwinkel.

a) $g: \vec{x} = \begin{pmatrix} 7 \\ -2 \\ -4 \end{pmatrix} + r \cdot \begin{pmatrix} 3 \\ 0 \\ -4 \end{pmatrix}$; $h: \vec{x} = \begin{pmatrix} -1 \\ 3 \\ 1 \end{pmatrix} + s \cdot \begin{pmatrix} 2 \\ -5 \\ 3 \end{pmatrix}$

b) $g: \vec{x} = \begin{pmatrix} 1 \\ -1 \\ 2 \end{pmatrix} + r \cdot \begin{pmatrix} 1 \\ 0 \\ 1 \end{pmatrix}$; $h: \vec{x} = \begin{pmatrix} 5 \\ 6 \\ -2 \end{pmatrix} + s \cdot \begin{pmatrix} -3 \\ 0 \\ -3 \end{pmatrix}$

c) $g: \vec{x} = \begin{pmatrix} -3 \\ 5 \\ 1 \end{pmatrix} + r \cdot \begin{pmatrix} 2 \\ 2 \\ 1 \end{pmatrix}$; $h: x = \begin{pmatrix} 2 \\ 6 \\ 4 \end{pmatrix} + s \cdot \begin{pmatrix} 4 \\ 3 \\ 1 \end{pmatrix}$

d) $g: \vec{x} = \begin{pmatrix} 3 \\ 1 \\ 2 \end{pmatrix} + r \cdot \begin{pmatrix} 5 \\ 3 \\ -4 \end{pmatrix}$; $h: \vec{x} = \begin{pmatrix} 8 \\ 4 \\ -2 \end{pmatrix} + s \cdot \begin{pmatrix} -15 \\ -9 \\ 12 \end{pmatrix}$

7 Die Figur zeigt eine Pyramide mit quadratischer Grundfläche und der Höhe 6 cm. Die Grundfläche der Pyramide hat die Seitenlänge 4 cm.

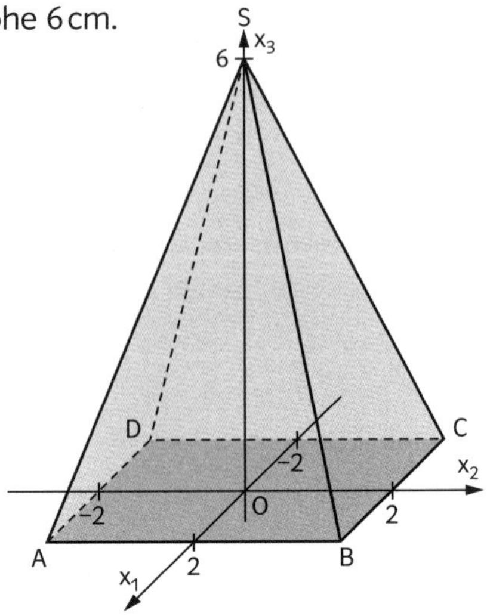

a) Bestimmen Sie die Größe des Winkels α, den die Seitenkanten $\overrightarrow{SB}$ und $\overrightarrow{SC}$ miteinander einschließen.

$\overrightarrow{SB} = \begin{pmatrix} \square \\ \square \\ \square \end{pmatrix}$; $\overrightarrow{SC} = \begin{pmatrix} \square \\ \square \\ \square \end{pmatrix}$; $\cos(\alpha) = \frac{\square}{\square}$ $\alpha = \_\_\_$

b) Bestimmen Sie die Größe des Winkels φ, den die Seitenkante AS und die Bodendiagonale AC miteinander einschließen.

$\overrightarrow{AS} = \begin{pmatrix} \square \\ \square \\ \square \end{pmatrix}$; $\overrightarrow{AC} = \begin{pmatrix} \square \\ \square \\ \square \end{pmatrix}$; $\cos(\varphi) = \frac{\square}{\square}$ $\varphi = \_\_\_$

Sachverhalte mit geradlinigem Verlauf lassen sich durch Geraden modellieren. Bei **Schattenwürfen** wird für den Stützpunkt der Gerade derjenige Punkt verwendet, der den Schatten wirft. Für den Richtungsvektor der Geraden wird diejenige Richtung verwendet, in die die Strahlen verlaufen. Mithilfe von Spurpunkten lassen sich Fragen beantworten, wo Schattenendpunkte auf Koordinatenebenen treffen.

Beispiel: Ein Fernsehturm steht senkrecht in der x_1x_2-Ebene. Seine Spitze hat die Koordinaten $S(0|0|200)$. Sonnenstrahlen mit dem Richtungsvektor $\begin{pmatrix} 1 \\ 2 \\ -4 \end{pmatrix}$ werfen einen Schatten auf die x_1x_2-Ebene.

Wo trifft der Schatten der Spitze des Fernsehturms auf die x_1x_2-Ebene auf?

Lösung: Aus dem Stützpunkt $S(0|0|200)$ erhält man den Richtungsvektor $\begin{pmatrix} 1 \\ 2 \\ -4 \end{pmatrix}$ und somit die Geradengleichung $g: \vec{x} = \begin{pmatrix} 0 \\ 0 \\ 200 \end{pmatrix} + t \cdot \begin{pmatrix} 1 \\ 2 \\ -4 \end{pmatrix}$. Spurpunkt der Gerade mit der x_1x_2-Ebene: $x_2 = 0$, d.h.

$200 - t \cdot (-4) = 0$; dies ergibt $t = 50$. Der Punkt, in dem der Schatten der Spitze des Fernsehturms aufkommt, hat die Koordinaten $(50|100|0)$.

1 Eine Kirchturmspitze hat die Koordinaten $S(20|0|20)$. Die Sonnenstrahlen zu einer bestimmten Uhrzeit können mit dem Richtungsvektor $\begin{pmatrix} 1 \\ 3 \\ -5 \end{pmatrix}$ beschrieben werden. Wo trifft der Schatten des Kirchturms auf die x_1x_2-Ebene?

Die Geradengleichung lautet: $g: x = \begin{pmatrix} 20 \\ \square \\ \square \end{pmatrix} + t \begin{pmatrix} \square \\ \square \\ \square \end{pmatrix}$. Schnittpunkt mit der x_1x_2-Ebene: $x_3 =$ ________,

d.h. ________ = ________. Daraus folgt $t =$ ________. Der Schatten der Kirchturmspitze trifft im Punkt $(\square|\square|\square)$ auf die x_1x_2-Ebene.

2 Ein Maibaum von 8 m Höhe steht senkrecht auf der x_1x_2-Ebene. Sonnenstrahlen fallen längs der Richtung $\begin{pmatrix} 1 \\ 1 \\ -4 \end{pmatrix}$ ein. Wie lang ist der Schatten in der x_1x_2-Ebene?

3 Ein Würfel hat die Eckpunkte $A(1|2|0)$, $B(5|2|0)$, C, $D(1|6|0)$, $E(1|2|4)$, F, G und H.
Berechnen Sie die fehlenden Koordinaten der Eckpunkte des Würfels sowie jeweils die Eckpunkte seines Schattens in der x_1x_2-Ebene, wenn der Würfel

a) von parallelem Licht aus der Richtung $\vec{v} = \begin{pmatrix} 2 \\ 3 \\ -3 \end{pmatrix}$

b) von einer punktförmigen Lichtquelle $L(0|0|10)$ beleuchtet wird.

4 Die Punkte $O(0|0|0)$, $A(6|6|0)$ und $B(3|9|0)$ bilden die Grundfläche einer dreiseitigen Pyramide mit Spitze $S(4|6|8)$.

a) Berechnen Sie die Innenwinkel des Dreiecks OAB und zeigen Sie, dass die Spitze auf der Geraden g mit $g: \vec{x} = \begin{pmatrix} 3 \\ 3{,}5 \\ 8 \end{pmatrix} + t \cdot \begin{pmatrix} 2 \\ 5 \\ 0 \end{pmatrix}$ liegt.

b) In Richtung des Vektors $\begin{pmatrix} 5 \\ -3 \\ -8 \end{pmatrix}$ fällt Licht auf die Pyramide. Dabei wirft sie einen Schatten auf die x_1x_2-Ebene. Berechnen Sie die Koordinaten des Schattenpunktes S^* der Pyramidenspitze.

Alle Punkte X, deren Ortsvektor sich mittels $\vec{x} = \vec{p} + r \cdot \vec{u} + s \cdot \vec{v}$ mit $r, s \in \mathbb{R}$ berechnen lässt, liegen in einer Ebene E. Der Vektor $\vec{p}$ ist ein **Stützvektor**, die Vektoren $\vec{u}$ und $\vec{v}$ sind **Spannvektoren** der Ebene.
Die beiden Spannvektoren dürfen keine Vielfachen voneinander sein.
Die Gleichung $\vec{x} = \vec{p} + r \cdot \vec{u} + s \cdot \vec{v}$ heißt **Parametergleichung** der Ebene.

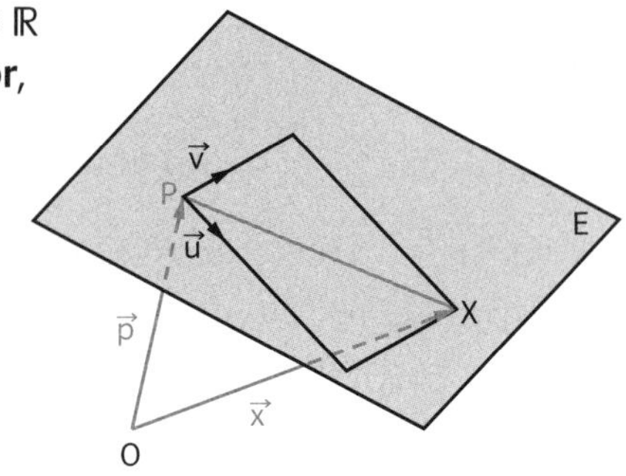

Beispiel: Die Ebene E wird festgelegt durch den Stützvektor

$\vec{p} = \begin{pmatrix} 5 \\ 2 \\ 0 \end{pmatrix}$ und die Spannvektoren $\vec{u} = \begin{pmatrix} 1 \\ 4 \\ 0 \end{pmatrix}$ und $\vec{v} = \begin{pmatrix} 3 \\ 0 \\ 2 \end{pmatrix}$.

$E: \vec{x} = \begin{pmatrix} 5 \\ 2 \\ 0 \end{pmatrix} + r \cdot \begin{pmatrix} 1 \\ 4 \\ 0 \end{pmatrix} + s \cdot \begin{pmatrix} 3 \\ 0 \\ 2 \end{pmatrix}$ ist eine Parametergleichung von E.

Setzt man für die Parameter r und s reelle Zahlen ein, so erhält man Ortsvektoren von Punkten, die in der Ebene E liegen. Beispielsweise erhält man für $r = 2$ und $s = 3$ den Punkt $Q(16 \mid 10 \mid 6)$ der Ebene E.

Drei Punkte P, Q und R, die nicht auf einer Geraden liegen, legen eine **Ebene** fest.

Beispiel: Durch die Punkte $P(2 \mid 1 \mid 0)$, $Q(4 \mid 2 \mid -1)$ und $R(0 \mid 3 \mid 7)$ wird eine Ebene E festgelegt.

1. Stützvektor bestimmen: z. B. $\overrightarrow{OP} = \begin{pmatrix} 2 \\ 1 \\ 0 \end{pmatrix}$
2. Spannvektoren festlegen: z. B. $\overrightarrow{PQ} = \overrightarrow{OQ} - \overrightarrow{OP} = \begin{pmatrix} 4 \\ 2 \\ -1 \end{pmatrix} - \begin{pmatrix} 2 \\ 1 \\ 0 \end{pmatrix} = \begin{pmatrix} 2 \\ 1 \\ -1 \end{pmatrix}$ und $\overrightarrow{PR} = \overrightarrow{OR} - \overrightarrow{OP} = \begin{pmatrix} -2 \\ 2 \\ 7 \end{pmatrix}$
3. Parametergleichung von E aufstellen: $\vec{x} = \overrightarrow{OP} + r \cdot \overrightarrow{PQ} + s \cdot \overrightarrow{PR}$, d. h. $\vec{x} = \begin{pmatrix} 2 \\ 1 \\ 0 \end{pmatrix} + r \cdot \begin{pmatrix} 2 \\ 1 \\ -1 \end{pmatrix} + s \cdot \begin{pmatrix} -2 \\ 2 \\ 7 \end{pmatrix}$

1 Bestimmen Sie zwei verschiedene Parametergleichungen der Ebene E, die durch die drei gegebenen Punkte $P(4 \mid -3 \mid 1)$, $Q(-2 \mid 0 \mid 2)$ und $R(4 \mid 2 \mid -3)$ festgelegt wird.

$E: \vec{x} = \overrightarrow{OP} + r \cdot \overrightarrow{PQ} + s \cdot \overrightarrow{PR}$

$\overrightarrow{OP} = \begin{pmatrix} 4 \\ \square \\ \square \end{pmatrix}$, $\overrightarrow{PQ} = \overrightarrow{OQ} - \overrightarrow{OP} = \begin{pmatrix} -2 \\ 0 \\ \square \end{pmatrix} - \begin{pmatrix} 4 \\ \square \\ \square \end{pmatrix} = \begin{pmatrix} \square \\ \square \\ \square \end{pmatrix}$, $\overrightarrow{PR} = \_\_\_\_ - \_\_\_\_ = \begin{pmatrix} \square \\ \square \\ \square \end{pmatrix} - \begin{pmatrix} \square \\ -3 \\ 1 \end{pmatrix} = \begin{pmatrix} \square \\ \square \\ \square \end{pmatrix}$,

$E: \vec{x} = \begin{pmatrix} 4 \\ \square \\ -1 \end{pmatrix} + r \cdot \begin{pmatrix} \square \\ \square \\ \square \end{pmatrix} + s \cdot \begin{pmatrix} \square \\ \square \\ \square \end{pmatrix}$.

Eine weitere Parametergleichung von E ergibt sich z. B. mit $\vec{x} = \overrightarrow{OQ} + r \cdot \overrightarrow{QP} + s \cdot \overrightarrow{QR}$.

$\overrightarrow{OQ} = \begin{pmatrix} -2 \\ 0 \\ \square \end{pmatrix}$, $\overrightarrow{QP} = -\overrightarrow{PQ} = \begin{pmatrix} \square \\ \square \\ \square \end{pmatrix}$, $\overrightarrow{QR} = \_\_\_\_ - \_\_\_\_ = \begin{pmatrix} \square \\ \square \\ \square \end{pmatrix} - \begin{pmatrix} \square \\ \square \\ \square \end{pmatrix} = \begin{pmatrix} \square \\ \square \\ \square \end{pmatrix}$, $E: \vec{x} = \begin{pmatrix} \square \\ \square \\ \square \end{pmatrix} + r \cdot \begin{pmatrix} \square \\ \square \\ \square \end{pmatrix} + s \cdot \begin{pmatrix} \square \\ \square \\ \square \end{pmatrix}$.

2 Die Ebene E enthält die Punkte $P(2 \mid 3 \mid 1)$, $Q(3 \mid 5 \mid -2)$ und $R(4 \mid 4 \mid 0)$. Beim Aufstellen der Parametergleichung ergab sich ein Fehler. Beschreiben und korrigieren Sie ihn.

$E: \vec{x} = \begin{pmatrix} 2 \\ 3 \\ 1 \end{pmatrix} + r \cdot \begin{pmatrix} 3 \\ 5 \\ -2 \end{pmatrix} + s \cdot \begin{pmatrix} 4 \\ 4 \\ 0 \end{pmatrix}$; Fehler: ______________________________

Korrektur: $E: \vec{x} = \begin{pmatrix} \square \\ \square \\ \square \end{pmatrix} + r \cdot \begin{pmatrix} \square \\ \square \\ \square \end{pmatrix} + s \cdot \begin{pmatrix} \square \\ \square \\ \square \end{pmatrix}$

3 Ermitteln Sie für die angegebenen Parameterwerte den Punkt der Ebene $E: \vec{x} = \begin{pmatrix} 8 \\ 7 \\ 1 \end{pmatrix} + r \cdot \begin{pmatrix} 4 \\ -3 \\ 3 \end{pmatrix} + s \cdot \begin{pmatrix} 2 \\ 5 \\ -1 \end{pmatrix}$.

a) $r = 3;\ s = 1$ $\quad Q(\square \mid \square \mid \square)$ b) $r = -4;\ s = 0$ $\quad R(\square \mid \square \mid \square)$ c) $r = -1;\ s = -2$ $\quad T(\square \mid \square \mid \square)$

4 Eine Ebene E kann durch eine Gerade und einen Punkt, der nicht auf der Geraden liegt, festgelegt werden. Der Punkt $R(0 \mid 3 \mid 1)$ liegt nicht auf der Geraden $g: \vec{x} = \begin{pmatrix} 2 \\ 1 \\ 0 \end{pmatrix} + r \cdot \begin{pmatrix} 2 \\ 3 \\ -1 \end{pmatrix}$. Als Stützvektor von E kann man z. B. den Stützvektor $\vec{p} = \begin{pmatrix} 2 \\ \square \\ \square \end{pmatrix}$ von g wählen. Ein Spannvektor von E wäre z. B. der Richtungsvektor $\vec{u} = \begin{pmatrix} \square \\ 3 \\ -1 \end{pmatrix}$ von g, der andere Spannvektor $\vec{v}$ ergibt sich z. B. zu $\vec{v} = \overrightarrow{OR} - \vec{p} = \begin{pmatrix} 0 \\ \square \\ \square \end{pmatrix} - \begin{pmatrix} \square \\ 1 \\ \square \end{pmatrix} = \begin{pmatrix} \square \\ \square \\ \square \end{pmatrix}$, also $E: \vec{x} = \begin{pmatrix} \square \\ 1 \\ \square \end{pmatrix} + r \cdot \begin{pmatrix} 2 \\ \square \\ -1 \end{pmatrix} + s \cdot \begin{pmatrix} \square \\ 2 \\ \square \end{pmatrix}$.

5 Zeigen Sie, dass der angegebene Punkt nicht auf g liegt. Ermitteln Sie eine Parametergleichung der Ebene, die durch P und g festgelegt wird.

a) $g: \vec{x} = \begin{pmatrix} 4 \\ 0 \\ -1 \end{pmatrix} + r \cdot \begin{pmatrix} 3 \\ -1 \\ 1 \end{pmatrix}$, $P(6 \mid -1 \mid 1)$

b) $g: \vec{x} = \begin{pmatrix} -1 \\ 2 \\ 1 \end{pmatrix} + r \cdot \begin{pmatrix} 2 \\ 6 \\ 1 \end{pmatrix}$, $O(0 \mid 0 \mid 0)$

Auch hier lässt sich mithilfe einer **Punktprobe** feststellen, ob ein gegebener Punkt in einer Ebene liegt. Um zu untersuchen, ob der Punkt $R(4 \mid 10 \mid -2)$ in der Ebene

$E: \vec{x} = \begin{pmatrix} 5 \\ 2 \\ 0 \end{pmatrix} + r \cdot \begin{pmatrix} 1 \\ 4 \\ 0 \end{pmatrix} + s \cdot \begin{pmatrix} 3 \\ 0 \\ 2 \end{pmatrix}$ liegt, prüft man, ob $\begin{pmatrix} 4 \\ 10 \\ -2 \end{pmatrix} = \begin{pmatrix} 5 \\ 2 \\ 0 \end{pmatrix} + r \cdot \begin{pmatrix} 1 \\ 4 \\ 0 \end{pmatrix} + s \cdot \begin{pmatrix} 3 \\ 0 \\ 2 \end{pmatrix}$ lösbar ist.

Umformen: $r \cdot \begin{pmatrix} 1 \\ 4 \\ 0 \end{pmatrix} + s \cdot \begin{pmatrix} 3 \\ 0 \\ 2 \end{pmatrix} = \begin{pmatrix} -1 \\ 8 \\ -2 \end{pmatrix}$, d. h. $\begin{aligned} r + 3s &= -1 \\ 4r &= 8 \\ 2s &= -2 \end{aligned}$

Aus den unteren beiden Gleichungen ergibt sich $r = 2$ und $s = -1$. Dies in die obere Gleichung eingesetzt führt auf die wahre Aussage $2 + 3 \cdot (-1) = -1$. Das LGS ist demnach lösbar, folglich liegt R in E. Der Punkt $S(15 \mid 16 \mid 4)$ liegt nicht in E, da das zugehörige LGS nicht lösbar ist.

6 Untersuchen Sie, ob die Punkte $P(3 \mid 3 \mid 9)$, $Q(1 \mid -1 \mid -1)$ und $R(-1 \mid -5 \mid -1)$ in der Ebene $E: \vec{x} = \begin{pmatrix} 2 \\ 1 \\ 4 \end{pmatrix} + r \cdot \begin{pmatrix} 1 \\ 2 \\ 5 \end{pmatrix} + s \cdot \begin{pmatrix} 0 \\ 2 \\ 1 \end{pmatrix}$ bzw. in der Ebene $F: \vec{x} = \begin{pmatrix} 5 \\ 7 \\ 9 \end{pmatrix} + t \cdot \begin{pmatrix} 3 \\ 6 \\ 5 \end{pmatrix} + u \cdot \begin{pmatrix} 1 \\ 2 \\ 1 \end{pmatrix}$ liegen.

7 Weisen Sie nach, dass sich die Geraden $g: \vec{x} = \begin{pmatrix} 2 \\ 1 \\ 0 \end{pmatrix} + r \cdot \begin{pmatrix} 2 \\ 3 \\ -1 \end{pmatrix}$ und $h: \vec{x} = \begin{pmatrix} 4 \\ 4 \\ -1 \end{pmatrix} + r \cdot \begin{pmatrix} -2 \\ 2 \\ 3 \end{pmatrix}$ im Punkt $S(4 \mid 4 \mid -1)$ schneiden und bestimmen Sie eine Parametergleichung der Ebene E, in der g und h verlaufen.

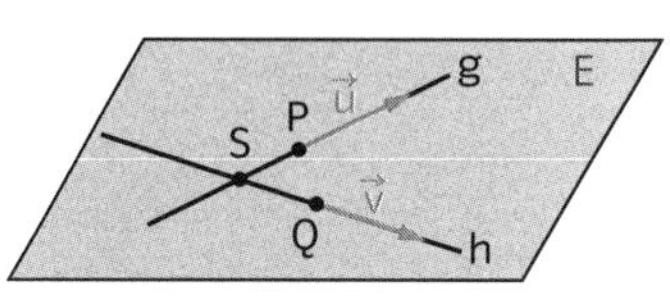

8 a) Begründen Sie, dass die Geraden $g: \vec{x} = \begin{pmatrix} 2 \\ 1 \\ 0 \end{pmatrix} + r \cdot \begin{pmatrix} 2 \\ 3 \\ -1 \end{pmatrix}$ und $h: \vec{x} = \begin{pmatrix} 0 \\ 3 \\ 3 \end{pmatrix} + s \cdot \begin{pmatrix} -4 \\ -6 \\ 2 \end{pmatrix}$ parallel sind.

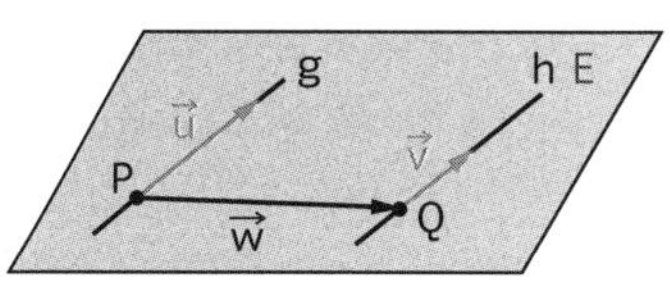

b) Die beiden Geraden legen eine Ebene E fest. Ermitteln Sie eine Parametergleichung von E.

Koordinatengleichung einer Ebene (1)

ab Lerneinheit 7

Jede Ebene E mit den Spannvektoren $\vec{u}$ und $\vec{v}$ lässt sich beschreiben durch eine **Koordinatengleichung**

$$\mathbf{E: n_1x_1 + n_2x_2 + n_3x_3 = d,}$$

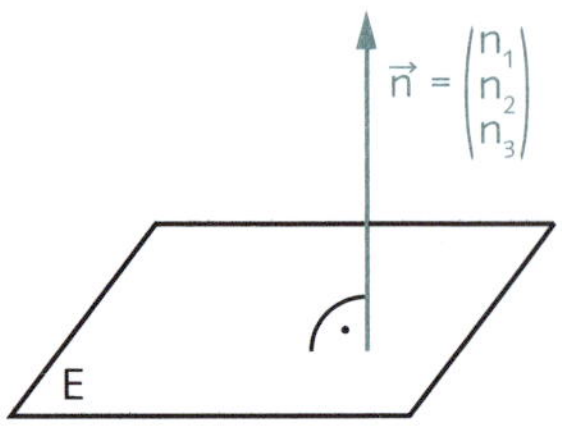

bei der mindestens einer der Koeffizienten n_1, n_2, n_3 ungleich null ist. Dabei ist $\vec{n} = \begin{pmatrix} n_1 \\ n_2 \\ n_3 \end{pmatrix}$ ein **Normalenvektor** der Ebene E, das heißt $\vec{n}$ ist orthogonal zu den beiden Spannvektoren $\vec{u}$ und $\vec{v}$, also $\vec{n} \cdot \vec{u} = 0$ und $\vec{n} \cdot \vec{v} = 0$ (Orthogonalitätsbedingungen).

Punktprobe: Der Punkt P(4 | 1 | 2) liegt in der Ebene E: $2x_1 - 3x_2 + 5x_3 = 15$, da $2 \cdot 4 - 3 \cdot 1 + 5 \cdot 2 = 15$.
Der Punkt Q(−2 | 8 | 0) liegt nicht in dieser Ebene da $2 \cdot (-2) - 3 \cdot 8 + 5 \cdot 0 = -28 \neq 15$.

Eine Koordinatengleichung einer Ebene ist **nicht eindeutig** bestimmt, da man sie immer mit einer von null verschiedenen Zahl multiplizieren kann. So stellen die Gleichungen $\frac{4}{3}x_1 + \frac{5}{2}x_2 - \frac{1}{6}x_3 = 5$ und $8x_1 + 15x_2 - x_3 = 30$ dieselbe Ebene dar.

1 Überprüfen Sie, ob die angegebenen Punkte in der Ebene liegen.

a) E: $4x_1 + 5x_2 + 7x_3 = 15$ P(1 | 3 | −2) ______ ; Q(−3 | 18 | −9) ______

b) E: $2x_1 - 5x_2 = -1$ R(7 | 3 | −4) ______ ; O(0 | 0 | 0) ______

2 Ändern Sie die Gleichung der Ebene so ab, dass die Koeffizienten ganzzahlig sind.

a) E: $-\frac{2}{5}x_1 + \frac{1}{3}x_2 + x_3 = -2$ ______ b) F: $\frac{3}{7}x_1 - \frac{1}{4}x_3 = 3$ ______

3 Die Ebene E enthält den Punkt P und hat den Normalenvektor $\vec{n}$. Bestimmen Sie eine Koordinatengleichung der Ebene E.

a) P(3 | 2 | 1); $\vec{n} = \begin{pmatrix} 4 \\ -7 \\ 5 \end{pmatrix}$ b) P(1 | 2 | 1); $\vec{n} = \begin{pmatrix} 6 \\ 2 \\ 9 \end{pmatrix}$ c) P(4 | 5 | 2); $\vec{n} = \begin{pmatrix} 3 \\ 0 \\ -1 \end{pmatrix}$ d) P(6 | −3 | 13); $\vec{n} = \begin{pmatrix} 2 \\ 0 \\ 0 \end{pmatrix}$

Aus der **Parametergleichung** einer Ebene lässt sich auf folgende Weise eine **Koordinatengleichung** ermitteln:

Zur Ebene E: $\vec{x} = \begin{pmatrix} 3 \\ 5 \\ 2 \end{pmatrix} + r \cdot \begin{pmatrix} 4 \\ -2 \\ -1 \end{pmatrix} + s \cdot \begin{pmatrix} 2 \\ 5 \\ 1 \end{pmatrix}$ bestimmt man zunächst einen Normalenvektor, z. B. mithilfe des Vektorprodukts:

$\vec{n} = \begin{pmatrix} 4 \\ -2 \\ -1 \end{pmatrix} \times \begin{pmatrix} 2 \\ 5 \\ 1 \end{pmatrix} = \begin{pmatrix} 3 \\ -6 \\ 24 \end{pmatrix}$. Dieser lässt sich noch vereinfachen, indem man ihn durch 3 dividiert: $\vec{n_1} = \frac{1}{3} \cdot \begin{pmatrix} 3 \\ -6 \\ 24 \end{pmatrix} = \begin{pmatrix} 1 \\ -2 \\ 8 \end{pmatrix}$.

Vektorprodukt:

4	2	
−2	5	$-2 \cdot 1 - 5 \cdot (-1) = 3$
−1	1	$-1 \cdot 2 - 1 \cdot 4 = -6$
4	2	$4 \cdot 5 - 2 \cdot (-2) = 24$
−2	5	

Die Koordinaten dieses Normalenvektors sind die Koordinaten in einer Koordinatengleichung von E:
E: $1 \cdot x_1 - 2 \cdot x_2 + 8 \cdot x_3 = d$.
Die Konstante d bestimmt man mithilfe einer Punktprobe mit dem Stützpunkt P(3 | 5 | 2) der Ebene:
$1 \cdot 3 - 2 \cdot 5 + 8 \cdot 2 = d$, also $d = 9$.
Damit lautet eine Koordinatengleichung von E: $x_1 - 2x_2 + 8x_3 = 9$.

4 Ermitteln Sie nach dem im Kasten vorgestellten Verfahren eine Koordinatengleichung der Ebene.

a) $E: \vec{x} = \begin{pmatrix} 2 \\ -3 \\ 4 \end{pmatrix} + r \cdot \begin{pmatrix} 3 \\ 1 \\ -6 \end{pmatrix} + s \cdot \begin{pmatrix} 1 \\ -5 \\ 2 \end{pmatrix}$; $\vec{n} = \begin{pmatrix} 3 \\ 1 \\ -6 \end{pmatrix} \times \begin{pmatrix} 1 \\ -5 \\ 2 \end{pmatrix} = \begin{pmatrix} 1 \cdot 2 - (-5)(-6) \\ -6 \cdot 1 - \quad \\ 3 \cdot (-5) - \quad \end{pmatrix} = \begin{pmatrix} \quad \\ \quad \\ \quad \end{pmatrix}$; vereinfacht: $\vec{n_1} = \begin{pmatrix} 7 \\ \quad \\ \quad \end{pmatrix}$

Koordinatengleichung von E: ______ x_1 + ______ x_2 + ______ $x_3 = d$;

Punktprobe mit $P(2 | \quad | \quad)$: d = ______ · 2 + ______________ = ______

Koordinatengleichung von E: ______ x_1 + ______ x_2 + ______ x_3 = ______

b) $E: \vec{x} = \begin{pmatrix} -1 \\ 5 \\ 0 \end{pmatrix} + r \cdot \begin{pmatrix} 3 \\ -3 \\ 1 \end{pmatrix} + s \cdot \begin{pmatrix} 4 \\ 1 \\ 2 \end{pmatrix}$ E: ______________

c) $E: \vec{x} = \begin{pmatrix} 4 \\ 2 \\ -3 \end{pmatrix} + r \cdot \begin{pmatrix} 2 \\ 0 \\ 0 \end{pmatrix} + s \cdot \begin{pmatrix} 3 \\ -5 \\ 10 \end{pmatrix}$ E: ______________

Von der Koordinatengleichung zur Parametergleichung (1. Möglichkeit):
Setzt man in der Koordinatengleichung $E: 2x_1 - 3x_2 + 4x_3 = 8$ z.B. für x_2 den Parameter r und für x_3 den Parameter s ein und löst die Gleichung dann nach x_1 auf, so erhält man $x_1 = 4 + \frac{3}{2}r - 2s$. Damit ergibt sich

insgesamt
$$\begin{aligned} x_1 &= 4 + \tfrac{3}{2}r - 2s \\ x_2 &= 0 + 1r + 0s \\ x_3 &= 0 + 0r + 1s \end{aligned}$$
in Vektorform also $E: \vec{x} = \begin{pmatrix} 4 \\ 0 \\ 0 \end{pmatrix} + r \cdot \begin{pmatrix} \frac{3}{2} \\ 1 \\ 0 \end{pmatrix} + s \cdot \begin{pmatrix} -2 \\ 0 \\ 1 \end{pmatrix}$.

Kommt eine Koordinate in der Koordinatengleichung nicht vor, wie z.B. in $E: 3x_1 + 6x_3 = 9$, so ersetzt man z.B. die fehlende Koordinate durch r und x_3 durch s und verfährt wie oben: $x_1 = 3 - 2s$. Es ergibt sich

insgesamt
$$\begin{aligned} x_1 &= 3 + 0r - 2s \\ x_2 &= 0 + 1r + 0s \\ x_3 &= 0 + 0r + 1s \end{aligned}$$
in Vektorform also $E: \vec{x} = \begin{pmatrix} 3 \\ 0 \\ 0 \end{pmatrix} + r \cdot \begin{pmatrix} 0 \\ 1 \\ 0 \end{pmatrix} + s \cdot \begin{pmatrix} -2 \\ 0 \\ 1 \end{pmatrix}$.

5 Bestimmen Sie eine Parametergleichung der Ebene.

a) $E: 2x_1 + 5x_2 - x_3 = 6$ b) $E: 3x_1 - 2x_2 + 4x_3 = 0$ c) $E: 2x_1 - x_3 = 4$ d) $E: x_2 = 5$

Von der Koordinatengleichung zur Parametergleichung (2. Möglichkeit):
Aus der Koordinatengleichung der Ebene $E: 3x_1 - 5x_2 + 7x_3 = 12$ kann man die Koordinaten des Normalenvektors ablesen: $\vec{n} = \begin{pmatrix} 3 \\ -5 \\ 7 \end{pmatrix}$. Als Spannvektoren kann man zwei beliebige, zu $\vec{n}$ orthogonale Vektoren, die nicht kollinear sind, wählen. Dazu setzt man eine der Koordinaten von $\vec{n}$ null, vertauscht die beiden anderen und dreht an einer Koordinate das Vorzeichen um.

So ergibt sich z.B. $\vec{u} = \begin{pmatrix} 0 \\ 7 \\ 5 \end{pmatrix}$ und $\vec{v} = \begin{pmatrix} 5 \\ 3 \\ 0 \end{pmatrix}$. Als Stützpunkt wählt man einen beliebigen Punkt von E, z.B. P(4 | 0 | 0).

Eine mögliche Parametergleichung von E lautet somit $E: \vec{x} = \begin{pmatrix} 4 \\ 0 \\ 0 \end{pmatrix} + r \cdot \begin{pmatrix} 0 \\ 7 \\ 5 \end{pmatrix} + s \cdot \begin{pmatrix} 5 \\ 3 \\ 0 \end{pmatrix}$.

6 Bestimmen Sie mit beiden Methoden aus der Koordinatengleichung eine Parametergleichung.

a) $E: 2x_1 - x_2 + 3x_3 = 6$ b) $E: 4x_1 + 3x_2 - 9x_3 = 6$ c) $E: 8x_2 - 7x_3 = 10$ d) $E: x_1 = 13$

7 Bestimmen Sie aus der Koordinatengleichung eine Parametergleichung, indem Sie drei beliebige Punkte auf E wählen und damit die Parametergleichung aufstellen.

a) $E: x_1 - x_2 - x_3 = 1$ b) $E: 2x_1 - 3x_2 + x_3 = 7$ c) $E: 5x_2 - 6x_3 = 1$ d) $E: x_1 = 11$

Die Punkte, in denen die Koordinatenachsen eine Ebene durchstoßen, heißen **Spurpunkte** der Ebene. Die Verbindungsgeraden der Spurpunkte ergeben die Schnittgeraden der Ebene mit den Koordinatenebenen. Diese nennt man **Spurgeraden**. Ebenen lassen sich mithilfe von Spurpunkten und Spurgeraden leichter zeichnen.

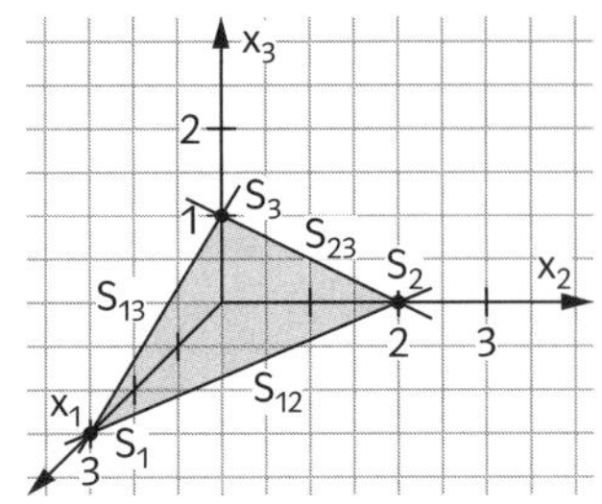

Eine **Koordinatengleichung der Ebene E ist gegeben**, z. B. $2x_1 + 3x_2 + 6x_3 = 6$.
Für einen Punkt auf der x_1-Achse gilt: $x_2 = x_3 = 0$.
Daraus folgt $x_1 = 3$. Es ergibt sich der Spurpunkt $S_1(3\,|\,0\,|\,0)$.
Entsprechend ergeben sich die anderen Spurpunkte von E: $S_2(0\,|\,2\,|\,0)$ und $S_3(0\,|\,0\,|\,1)$.

Eine **Parametergleichung der Ebene ist gegeben**, z. B. E: $\begin{pmatrix} x_1 \\ x_2 \\ x_3 \end{pmatrix} = \begin{pmatrix} 9 \\ 4 \\ -4 \end{pmatrix} + r \cdot \begin{pmatrix} -6 \\ 2 \\ 1 \end{pmatrix} + s \cdot \begin{pmatrix} 3 \\ 2 \\ -2 \end{pmatrix}$.

Spurpunkt S_1: Setzt man $x_2 = x_3 = 0$, so erhält man die Vektorgleichung $\begin{pmatrix} x_1 \\ 0 \\ 0 \end{pmatrix} = \begin{pmatrix} 9 \\ 4 \\ -4 \end{pmatrix} + r \cdot \begin{pmatrix} -6 \\ 2 \\ 1 \end{pmatrix} + s \cdot \begin{pmatrix} 3 \\ 2 \\ -2 \end{pmatrix}$.

Daraus ergibt sich das LGS $\begin{matrix} 2r + 2s = -4 \\ r - 2s = 4 \end{matrix}$ mit der Lösung $r = 0,\ s = -2$.

In die Ebenengleichung eingesetzt ergibt dies $x_1 = 3$. Also ist $S_1(3\,|\,0\,|\,0)$.
Entsprechend ergeben sich die Spurpunkte $S_2(0\,|\,2\,|\,0)$ und $S_3(0\,|\,0\,|\,1)$.

1 Gegeben sind die Spurpunkte. Zeichnen Sie einen Ausschnitt der Ebene.

a) $S_1(2\,|\,0\,|\,0)$; $S_2(0\,|\,4\,|\,0)$; $S_3(0\,|\,0\,|\,3)$

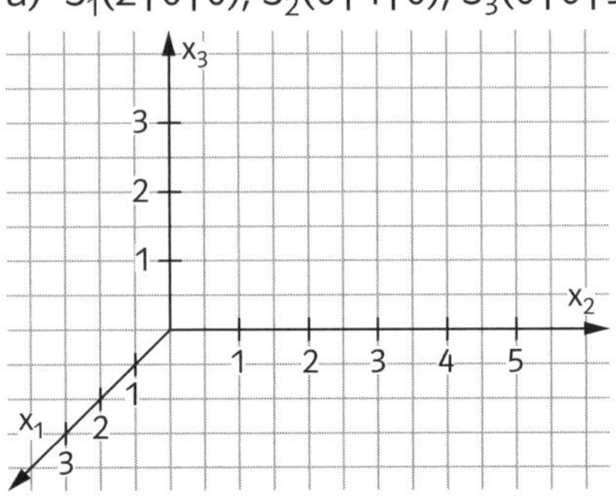

b) $S_1(-4\,|\,0\,|\,0)$; $S_2(0\,|\,3\,|\,0)$; $S_3(0\,|\,0\,|\,1)$

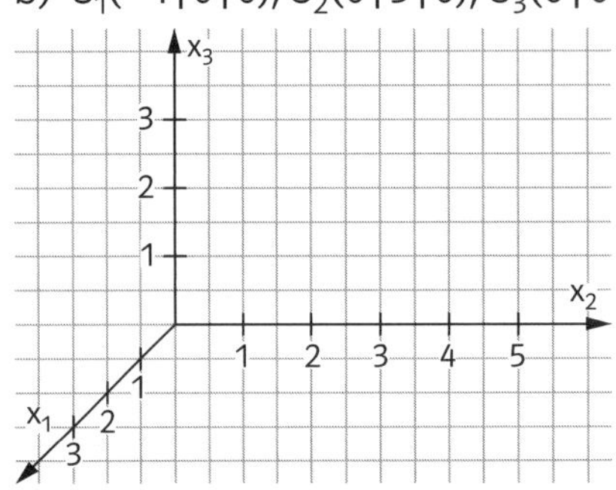

c) $S_1(4\,|\,0\,|\,0)$; $S_2(0\,|\,-2\,|\,0)$; $S_3(0\,|\,0\,|\,1)$

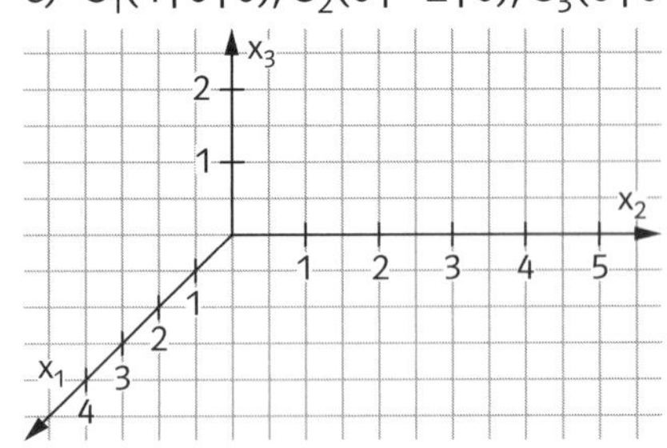

2 Gesucht sind die Spurpunkte der Ebene E: $6x_1 + 4x_2 - 3x_3 = -12$.

S_1: $x_2 = x_3 = 0$	ergibt die Gleichung	$6x_1 = -12$,	also ist $x_1 =$ ___.	$S_1($___$\,|\,0\,|\,0)$
S_2: $x_1 = x_3 = 0$	ergibt die Gleichung	___ $= -12$,	also ist x___ = ___.	$S_2($___|___|___$)$
S_3: ___________	ergibt die Gleichung	________,	also ist ________.	$S_3($___|___|___$)$

3 Ermitteln Sie die Spurpunkte. Zeichnen Sie einen Ausschnitt der Ebene.

a) E: $x_1 + x_2 + x_3 = 3$

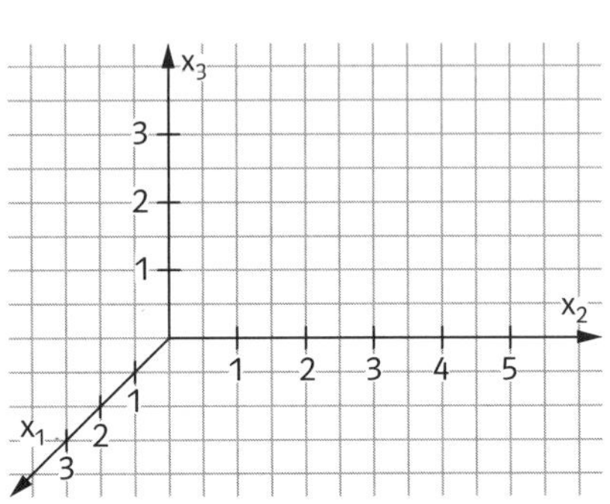

b) E: $6x_1 - 7x_2 + 7x_3 = 21$

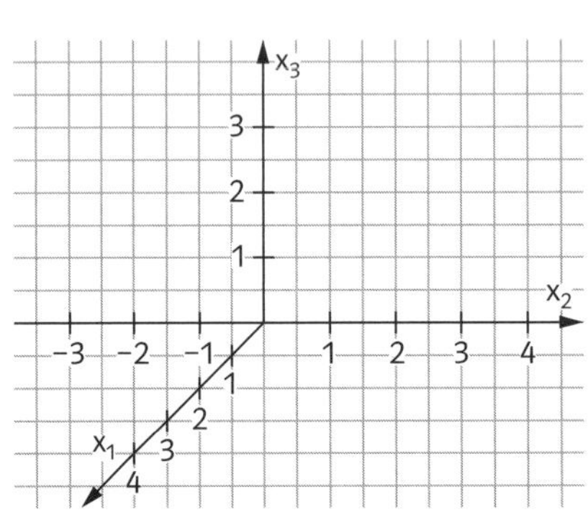

c) E: $\vec{x} = \begin{pmatrix} -4 \\ 2 \\ 3 \end{pmatrix} + r \cdot \begin{pmatrix} 0 \\ 2 \\ 3 \end{pmatrix} + s \cdot \begin{pmatrix} 8 \\ -2 \\ 3 \end{pmatrix}$

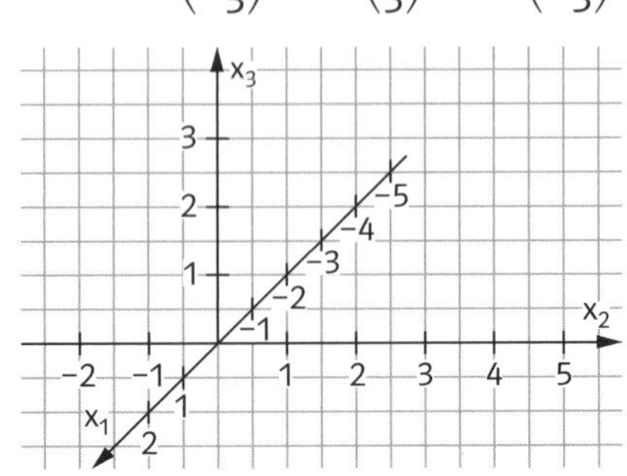

4 Ermitteln Sie eine Parametergleichung der Ebene.

a)

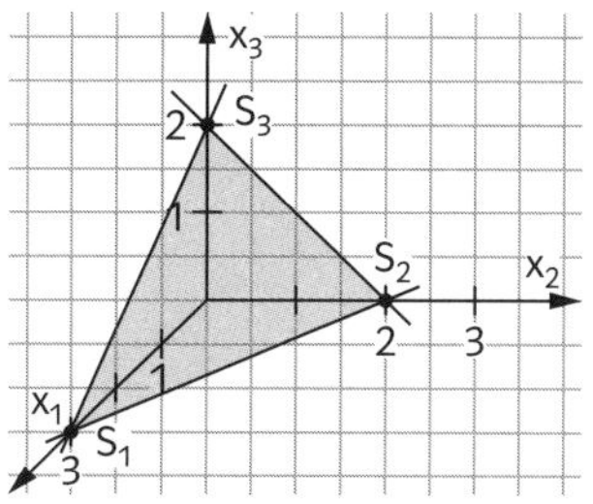

$S_1(\ \ |\ \ |\ \ )$; $S_2(\ \ |\ \ |\ \ )$; $S_3(\ \ |\ \ |\ \ )$,

E: $\vec{x} = \overrightarrow{OS_1} + r \cdot \overrightarrow{S_1S_2} + s \cdot \overrightarrow{S_1S_3}$

E: $\vec{x} = \begin{pmatrix} \ \\ \ \\ \ \end{pmatrix} + r \cdot \begin{pmatrix} \ \\ \ \\ \ \end{pmatrix} + s \cdot \begin{pmatrix} \ \\ \ \\ \ \end{pmatrix}$

b)

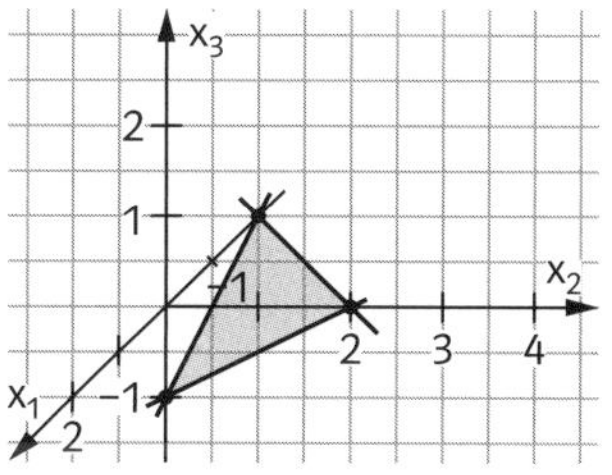

$S_1(\ \ |\ \ |\ \ )$; $S_2(\ \ |\ \ |\ \ )$; $S_3(\ \ |\ \ |\ \ )$,

E: $\vec{x}$ = ______________________

E: $\vec{x} = \begin{pmatrix} \ \\ \ \\ \ \end{pmatrix} + r \cdot \begin{pmatrix} \ \\ \ \\ \ \end{pmatrix} + s \cdot \begin{pmatrix} \ \\ \ \\ \ \end{pmatrix}$

Ebenen können **parallel** zu einer **Koordinatenebene** oder einer **Koordinatenachse** liegen.

Beispiel 1: In der Ebene E mit der Gleichung $x_2 = 2$ liegen alle Punkte, deren x_2-Koordinaten den Wert 2 haben, unabhängig davon, wie groß ihre x_1- bzw. x_3-Koordinate ist. Daher liegt die Ebene E parallel zur x_1x_3-Ebene und verläuft durch den Spurpunkt $S_2(0\,|\,2\,|\,0)$.
Die Spurgeraden von E verlaufen parallel zur x_1- bzw. x_3-Achse.
Man kann einen Ausschnitt der Ebene zeichnen, indem man jeweils zwei Parallelen zu diesen Spurgeraden zeichnet (s. Abb.).

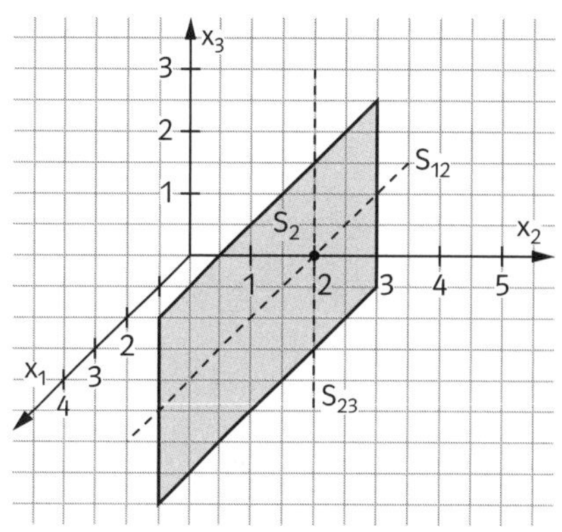

Beispiel 2: Die Ebene E mit der Gleichung $1{,}5x_1 + 2x_2 = 6$ liegt parallel zur x_3-Achse. Da die x_1- und x_2-Koordinaten eines Punktes der Ebene nicht gleichzeitig den Wert 0 haben können, hat E keinen Spurpunkt auf der x_3-Achse.
Spurpunkt von E auf der x_1-Achse: $1{,}5x_1 + 2 \cdot 0 = 6$, d.h. $x_1 = 4$,
also: $S_1(4\,|\,0\,|\,0)$
Spurpunkt von E auf der x_2-Achse: $1{,}5 \cdot 0 + 2 \cdot x_2 = 6$, d.h. $x_2 = 3$,
also: $S_2(0\,|\,3\,|\,0)$
Die Spurgeraden S_{13} und S_{23} verlaufen parallel zur x_3-Achse.
Man kann einen Ausschnitt der Ebene zeichnen, indem man diese Spurgeraden und eine Parallele zur Spurgeraden S_{12} zeichnet (s. Abb.).

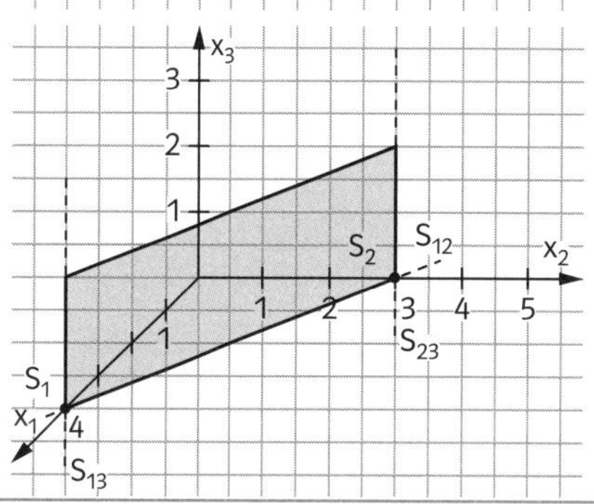

5 Ermitteln Sie die Spurpunkte. Zeichnen Sie einen Ausschnitt der Ebene.

a) E: $x_1 = 2$ b) E: $4x_3 = 6$ c) E: $4x_1 + 2x_2 = 8$ d) E: $x_2 + x_3 = 4$

6 Ordnen Sie die Ebenengleichungen E_1 bis E_4 den Beschreibungen (a) bis (e) zu. Geben Sie zu der nicht zugeordneten Beschreibung eine passende Ebenengleichung an.

E: ______________________

E_4: $3x_1 + 2x_3 = 0$

E_1: $3x_1 + 2x_2 = 5$

E_3: $-2x_1 = -4$

E_2: $-x_1 + 2x_2 + 3x_3 = 6$

(c) Die x_1-Achse und die x_2-Achse liegen in dieser Ebene.

(a) Die Ebene ist parallel zur x_2x_3-Ebene.

(b) Die Ebene ist nur zur x_3-Achse parallel.

(d) Der Ursprung liegt in dieser Ebene.

(e) Die Ebene schneidet alle drei Koordinatenachsen.

1 Gegeben sind die Geraden $g: \vec{x} = \begin{pmatrix} 3 \\ 3 \\ -5 \end{pmatrix} + t \cdot \begin{pmatrix} -1 \\ 2 \\ 2 \end{pmatrix}$ und $h: \vec{x} = \begin{pmatrix} -2 \\ 3 \\ 5 \end{pmatrix} + t \cdot \begin{pmatrix} 2 \\ 0 \\ -4 \end{pmatrix}$.

a) Untersuchen Sie, ob die Punkte $A(6\,|\,-3\,|\,-11)$, $B(0\,|\,9\,|\,-9)$ und $C(-6\,|\,3\,|\,13)$ auf g bzw. h liegen.
b) Bestimmen Sie den Schnittpunkt der beiden Geraden.

2 Geben Sie zur Geraden $g: \vec{x} = \begin{pmatrix} 2 \\ -4 \\ 1 \end{pmatrix} + t \cdot \begin{pmatrix} 3 \\ 2 \\ -5 \end{pmatrix}$ eine Gerade h an, die …

a) … durch den Punkt $P(1\,|\,0\,|\,0)$ parallel zu g verläuft.
b) … g in dem Punkt S schneidet, der für $t = 1$ auf der Geraden g liegt.
c) … durch einen Punkt $W(2\,|\,-4\,|\;\square\;)$ windschief zu g verläuft.

3 Gegeben sind die Geraden g_1, g_2 und g_3. Berechnen Sie jeweils ihre Spurpunkte und beschreiben Sie die besondere Lage von g_2 und g_3 im Koordinatensystem.

$g_1: \vec{x} = \begin{pmatrix} 5 \\ 6 \\ 4 \end{pmatrix} + r \cdot \begin{pmatrix} 1 \\ 3 \\ -1 \end{pmatrix}$; $g_2: \vec{x} = \begin{pmatrix} -4 \\ 1 \\ 9 \end{pmatrix} + r \cdot \begin{pmatrix} 2 \\ 0 \\ -3 \end{pmatrix}$; $g_3: \vec{x} = \begin{pmatrix} 3 \\ 7 \\ 11 \end{pmatrix} + r \cdot \begin{pmatrix} 0 \\ 1 \\ 0 \end{pmatrix}$

4 Untersuchen Sie, ob sich die Geraden g und h schneiden (geben Sie dann den Schnittpunkt an) oder ob die Geraden parallel bzw. windschief sind.

a) $g: \vec{x} = \begin{pmatrix} 1 \\ 0 \\ 9 \end{pmatrix} + s \cdot \begin{pmatrix} 3 \\ 2 \\ -5 \end{pmatrix}$, $h: \vec{x} = \begin{pmatrix} 2 \\ -4 \\ 1 \end{pmatrix} + t \cdot \begin{pmatrix} 0,5 \\ 1 \\ -1 \end{pmatrix}$
b) $g: \vec{x} = \begin{pmatrix} 4 \\ 3 \\ 2 \end{pmatrix} + s \cdot \begin{pmatrix} 0,25 \\ 1 \\ 0,75 \end{pmatrix}$, $h: \vec{x} = \begin{pmatrix} 5 \\ 0 \\ -3 \end{pmatrix} + t \cdot \begin{pmatrix} 2 \\ 1 \\ -2 \end{pmatrix}$

5 Die Punkte $A(2\,|\,2\,|\,1)$, $B(3\,|\,3\,|\,3)$ und $C(4\,|\,4\,|\,2)$ sind die Ecken eines Dreiecks. Berechnen Sie seinen Flächeninhalt.

6 Gegeben sind die Geraden $g: \vec{x} = \begin{pmatrix} 1 \\ 0 \\ 6 \end{pmatrix} + r \cdot \begin{pmatrix} 1 \\ 1 \\ -1 \end{pmatrix}$ und $h: \vec{x} = \begin{pmatrix} 2 \\ -2 \\ 5 \end{pmatrix} + s \cdot \begin{pmatrix} -1 \\ -1 \\ 1 \end{pmatrix}$.

a) Zeigen Sie, dass die beiden Geraden parallel zueinander und nicht identisch sind.

b) Zeigen Sie, dass die Gerade $k: \vec{x} = \begin{pmatrix} 1 \\ -3 \\ 6 \end{pmatrix} + t \cdot \begin{pmatrix} 0 \\ 1 \\ 0 \end{pmatrix}$ g und h schneidet und bestimmen Sie die Schnittwinkel von k mit g und h.

7 Zeigen Sie, dass sich die Geraden g und h schneiden und berechnen Sie ihren Schnittwinkel.

a) $g: \vec{x} = \begin{pmatrix} 1 \\ 3 \\ -1 \end{pmatrix} + r \cdot \begin{pmatrix} 2 \\ -5 \\ 3 \end{pmatrix}$, $h: \vec{x} = \begin{pmatrix} 1 \\ 3 \\ -1 \end{pmatrix} + s \cdot \begin{pmatrix} -3 \\ 4 \\ 4 \end{pmatrix}$
b) $g: \vec{x} = \begin{pmatrix} 0 \\ 1 \\ -2 \end{pmatrix} + r \cdot \begin{pmatrix} 1 \\ 1 \\ -4 \end{pmatrix}$, $h: \vec{x} = \begin{pmatrix} 3 \\ -1 \\ 1 \end{pmatrix} + s \cdot \begin{pmatrix} -1 \\ 0 \\ 1 \end{pmatrix}$

8 Ein 5 Meter hoher Fahnenmast wirft am Abend seinen Schatten auf einen großen ebenen Platz.

Die Sonnenstrahlen haben die Richtung $\begin{pmatrix} 3 \\ 1 \\ -1 \end{pmatrix}$. Wählen Sie ein geeignetes Koordinatensystem und berechnen Sie die Länge des Schattens.

9 Die Punkte $A(9\,|\,-7\,|\,2)$, $B(2\,|\,7\,|\,0)$ und $C(1\,|\,2\,|\,-3)$ legen eine Ebene fest. Ermitteln Sie eine Parameterdarstellung und eine Koordinatengleichung der Ebene.

10 Veranschaulichen Sie die Ebene anhand der Spurpunkte in einem Koordinatensystem.

a) $E: x_1 + x_2 + x_3 = 3$
b) $E: \vec{x} = \begin{pmatrix} 1 \\ 2 \\ 3 \end{pmatrix} + r \cdot \begin{pmatrix} -1 \\ 2 \\ 0 \end{pmatrix} + s \cdot \begin{pmatrix} 1 \\ 0 \\ 3 \end{pmatrix}$

Zufallsexperimente

ab Lerneinheit 1

Bei einem **Zufallsexperiment** gibt es verschiedene **Ergebnisse**. Alle möglichen Ergebnisse bilden die **Ergebnismenge** $S = \{e_1; e_2; \ldots; e_n\}$.

Beim Würfeln gibt es die Ergebnismenge der Augenzahlen $S = \{1; 2; 3; 4; 5; 6\}$.

Oft wird eine Teilmenge A der Ergebnismenge betrachtet. Diese Teilmenge nennt man **Ereignis**.

Zum Ereignis A: „ungerade Zahl" gehören die Ergebnisse $\{1; 3; 5\}$.

Wenn die Durchführung des Experiments mit einem Ergebnis aus dem Ereignis A endet, so sagt man, das **Ereignis A ist eingetreten**. Wenn das Ergebnis nicht zum Ereignis A gehört, dann ist das **Gegenereignis $\overline{A}$ eingetreten**.

Würfelergebnis 3: Das Ereignis A: „ungerade Zahl" ist eingetreten.
Würfelergebnis 6: Das Gegenereignis $\overline{A}$ („keine ungerade Zahl") ist eingetreten.

Wenn alle Ergebnisse, die möglich sind, eintreffen, so spricht man von einem **sicheren Ereignis**, $A = S$. Das Ereignis $A = \{\ \}$ ist das **unmögliche Ereignis**.

Beim Würfeln ist das Ereignis „eine Zahl von 1 bis 6" das sichere Ereignis.

1 Ein Würfel wird einmal geworfen. Das Ereignis A: „Augenzahl größer als 3" wird betrachtet.

a) Geben Sie die Ergebnisse an, die zum Ereignis A gehören: ______________________

b) Formulieren Sie das Gegenereignis $\overline{A}$ ______________________

und geben Sie die zugehörigen Ergebnisse an: ______________________

2 In einem Fuhrpark stehen 4 Audi, 3 BMW, 6 VW, 2 Renault, 3 Toyota, 2 Mercedes, 4 Opel und 2 Ford.
a) Geben Sie die Ergebnismenge für die zufällige Auswahl eines Fahrzeugs an.
b) Geben Sie in aufzählender Schreibweise die Ereignisse an:
A: deutsches Fabrikat B: Markenname hat mehr als drei Buchstaben C: mindestens vier Fahrzeuge des Herstellers stehen auf dem Parkplatz D: Hersteller produziert auch Motorräder
c) Welche Ereignisse aus b) sind eingetreten, wenn ein Audi ausgewählt wird?

3 Wahr oder falsch?

	wahr	falsch
a) Beim einmaligen Münzwurf gibt es nur zwei mögliche Ergebnisse.	☐	☐
b) Nimmt man Ereignis und Gegenereignis zusammen, erhält man die Ergebnismenge.	☐	☐
c) Beim einmaligen Werfen eines Würfels ist $\overline{A} = \{1; 3\}$ das Gegenereignis zu $A = \{2; 4; 6\}$.	☐	☐
d) Beim einmaligen Werfen eines Würfels ist das Ereignis $A = \{3; 5\}$ unmöglich.	☐	☐
e) Ein Ereignis ist eine Teilmenge der Ergebnismenge.	☐	☐

4 Zwei nicht unterscheidbare Würfel werden gleichzeitig geworfen.
a) Notieren Sie alle möglichen Ergebnisse.
b) Geben Sie für das Ereignis A: „Augensumme 5" die möglichen Ergebnisse an.

5 Die Tabelle gibt die Ergebnisse des 34. Spieltags der Fußball-Bundesliga 2021/2022 wieder.
a) Geben Sie in aufzählender Schreibweise die Nummer der Spielpaarungen an, die zum Ereignis „Heimmannschaft hat gewonnen" gehören.
b) Wie lautet das Gegenereignis zu „Spiel endete unentschieden"?
c) Geben Sie zum Gegenereignis von „Spiel mit mindestens drei Toren" die Nummer der Spielpaarungen in aufzählender Schreibweise an.

1	VfL Wolfsburg	:	FC Bayern München	2 : 2
2	Arminia Bielefeld	:	RB Leipzig	1 : 1
3	1. FSV Mainz 05	:	Eintracht Frankfurt	2 : 2
4	Bayer 04 Leverkusen	:	SC Freiburg	2 : 1
5	Borussia M'gladbach	:	1899 Hoffenheim	5 : 1
6	Borussia Dortmund	:	Hertha BSC	2 : 1
7	VfB Stuttgart	:	1. FC Köln	2 : 1
8	1. FC Union Berlin	:	Vfl Bochum	3 : 2
9	FC Augsburg	:	SpVgg Greuther Fürth	2 : 1

Die **Wahrscheinlichkeit P** für ein Ergebnis e_i ist ein Zahlenwert, der auf einer Skala von 0 (unmöglich) bis 1 (sicher) eine Vorhersage über die Chance des Eintreffens des Ergebnisses macht. Oft muss man die Wahrscheinlichkeit aufgrund der Erfahrung der Vergangenheit schätzen. Als **Schätzgröße** wird die **relative Häufigkeit** des Ergebnisses **bei einer langen Versuchsreihe** verwendet.
Die Wahrscheinlichkeit P für das Ereignis A ist die **Summe der Wahrscheinlichkeiten** der Ergebnisse, die zu A gehören.
Für die **Wahrscheinlichkeiten $P(e_i)$** der Ergebnisse eines Zufallsexperiments mit $S = \{e_1; e_2; \ldots; e_n\}$ gilt:
(1) $0 \leq P(e_i) \leq 1$ für alle i
(2) $P(e_1) + P(e_2) + \ldots + P(e_n) = 1$
(3) Es gilt: $P(A) + P(\bar{A}) = 1$

Bei einer Verkehrszählung wurden 10 000 Fahrzeuge gezählt.
Davon waren 60 % Pkw, 20 % Lkw, 5 % Busse, 10 % Motorräder und 5 % Fahrräder.

Der Schätzwert für die Wahrscheinlichkeit,
- dass das nächste Fahrzeug ein Lkw ist, beträgt P(Lkw) = 20 % = 0,2;
- dass das nächste Fahrzeug zweirädrig ist, beträgt P(zweirädrig) = P(Motorrad) + P(Fahrrad) ≈ 10 % + 5 % = 15 % = 0,15;
- dass das nächste Fahrzeug kein Bus ist, beträgt P(kein Bus) = 1 – P(Bus) = 100 % – 5 % = 95 % = 0,95.

1 Bei einer Befragung unter 1000 Personen in einer Fußgängerzone gaben 380 an, dass sie rauchen.

a) Schätzen Sie die Wahrscheinlichkeit für das Ereignis A: „Raucher". ______

b) Wie lautet das Gegenereignis? ______

Wie groß ist die geschätzte Wahrscheinlichkeit dafür? ______

2 Die Grafik gibt das Ergebnis einer Mobilitätsumfrage für den Weg zur Arbeit wieder.

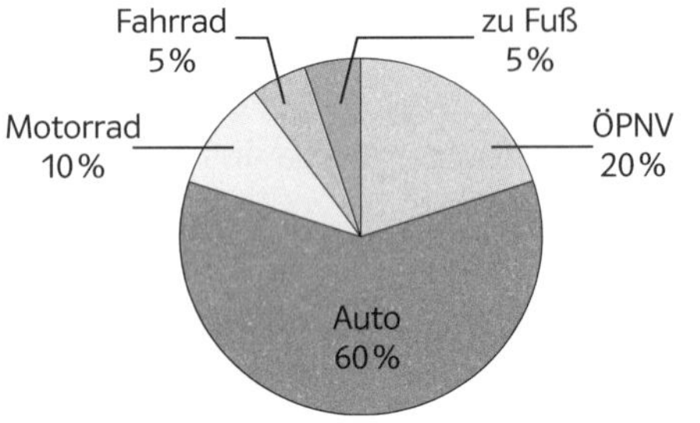

a) Schätzen Sie die Wahrscheinlichkeit des Ereignisses A: „Kommt nicht mit Auto oder Motorrad".

______

b) Formulieren Sie das Gegenereignis zu A und schätzen Sie dessen Wahrscheinlichkeit.

______

c) Schätzen Sie die Wahrscheinlichkeit für das Ereignis B: „Kommt nicht zu Fuß". ______

3 Die Tabelle gibt einen Ausschnitt aus der Zulassungsstatistik für Pkw in Deutschland wieder. Nehmen Sie an, dass das Käuferverhalten in etwa gleich bleibt.
a) Schätzen Sie die Wahrscheinlichkeit dafür, dass ein VW-Käufer einen grauen Wagen kauft. ______

b) Ihr Nachbar kauft ein neues Auto. Mit ungefähr welcher Wahrscheinlichkeit wird es ein rotes? ______

c) Ein Neuwagen wird bei der Zulassungsstelle angemeldet. Mit ungefähr welcher Wahrscheinlichkeit handelt es sich um einen schwarzen Mercedes? ______

Marke	Gesamt	Rot	Blau	Grau	Schwarz
Audi	248 765	5083	31 833	117 155	86 973
BMW, Mini	290 969	6388	33 589	127 566	109 939
Mercedes	343 895	5938	33 859	169 041	105 935
Volkswagen	621 978	28 281	132 096	241 926	167 718
Insgesamt	3 342 122	150 045	547 086	1 512 765	850 709

1 Claudia hat den nebenstehenden Quader 100-mal geworfen und ihre Ergebnisse notiert.
Die verdeckten Zahlen sind wie in einem herkömmlichen Würfel verteilt. Gegenüberstehende Zahlen: 1 – 6; 2 – 5; 3 – 4.

Augenzahl	Anzahl
1	14
2	8
3	26
4	28
5	7
6	17

a) Claudia behauptet, dass man der Tabelle die Wahrscheinlichkeit für eine Augenzahl direkt entnehmen kann. Z. B. sei die Wahrscheinlichkeit für eine 1 genau 14 %. Warum kann Claudias Schlussfolgerung in dieser Form nicht richtig sein?

Antwort: ______________________

b) Wie könnte eine sinnvolle Schätzung für die Wahrscheinlichkeiten aussehen, wenn man die Symmetrie des Quaders und Claudias Ergebnisse berücksichtigt?

Augenzahl	1	2	3	4	5	6
Wahrscheinlichkeit						

Wenn bei einem Zufallsexperiment alle Ergebnisse gleich wahrscheinlich sind, dann spricht man von einem **Laplace-Experiment**.

Die Wahrscheinlichkeit für das Ereignis A ist dann

$P(A) = \frac{\text{Anzahl der Ergebnisse, bei denen A eintritt}}{\text{Anzahl der möglichen Ergebnisse}}$

Beispiele für Laplace-Experimente:

Einmaliges Würfeln: $S = \{1; 2; 3; 4; 5; 6\}$ $P(e_i) = \frac{1}{6}$

Für das Ereignis A „gerade Zahl" gilt: $P(A) = \frac{3}{6} = 0{,}5$.

Drehen eines Glücksrads mit 4 gleich großen Sektoren: $P(e_i) = \frac{1}{4}$

2 Handelt es sich bei dem Experiment um ein Laplace-Experiment?

	ja	nein
a) Eine Münze wird geworfen.	☐	☐
b) Eine verbeulte Münze wird geworfen.	☐	☐
c) Würfeln mit einer Reiszwecke	☐	☐
d) Aussuchen einer CD aus einem CD-Regal	☐	☐
e) Blindes Ziehen einer CD aus einem CD-Regal	☐	☐
f) Kursentwicklung (+ oder –) einer Aktie an der Börse	☐	☐

3 Wie groß ist die Wahrscheinlichkeit dafür, beim einmaligen Würfeln eine durch 3 teilbare Zahl zu würfeln?

____

4 Die Tabelle zeigt die Altersverteilung eines Berufsschuljahrgangs. Eine Person soll durch ein Losverfahren ausgewählt werden.

Alter	17	18	19	20
Anzahl	27	75	13	5

Wie groß ist die Wahrscheinlichkeit dafür, dass sie volljährig ist? ______________________

5 Auf einer Tierausstellung sind 112 Hunde, 98 Katzen, 67 Hühner und 58 Enten zu sehen.
Jedes Tier hat eine Nummer. Vom Veranstalter wird ein Tier verlost. Wie groß ist die Wahrscheinlichkeit, dass die Nummer eines vierbeinigen Tieres gezogen wird? ______________________

6 Wie groß ist die Wahrscheinlichkeit dafür, dass die PIN Ihrer Bankkarte 1234 oder 5678 ist?

____

Mehrstufige Zufallsexperimente stellt man übersichtlich mit einem **Baumdiagramm** dar.

Bei einer Umfrage unter volljährigen Schülerinnen und Schülern sind 40 % Männer. Von den Männern sind 15 % Raucher, von den Frauen 30 %.

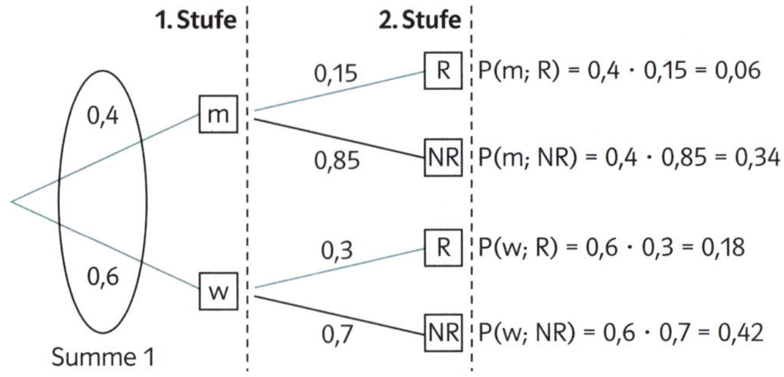

Um die **Wahrscheinlichkeit des Ergebnisses** am Ende eines Pfades zu ermitteln, werden die Wahrscheinlichkeiten entlang des Pfades multipliziert. **(1. Pfadregel) (Produktregel)**

Die Wahrscheinlichkeit dafür, zufällig eine Person anzusprechen, die männlich ist und raucht, liegt bei P(m; R) = 0,4 · 0,15 = 0,06.

Wenn **mehrere Pfade zu einem Ereignis** gehören, berechnet man dessen Wahrscheinlichkeit durch Addition der Wahrscheinlichkeiten der zugehörigen Pfade. **(2. Pfadregel) (Summenregel)**

Die Wahrscheinlichkeit dafür, dass eine zufällig angesprochene Person Raucher(in) ist, liegt bei P(Raucher) = P(m; R) + P(w; R) = 0,06 + 0,18 = 0,24.

1 Das Baumdiagramm gibt die Wahrscheinlichkeiten von Mängeln bei der Produktion von Elektroschaltern wieder. Dabei wird zunächst auf optische Mängel und dann auf technische Mängel untersucht. Füllen Sie die leeren Felder des Baumdiagramms aus.
Wie groß ist die Wahrscheinlichkeit dafür, dass beide Mängel vorliegen?

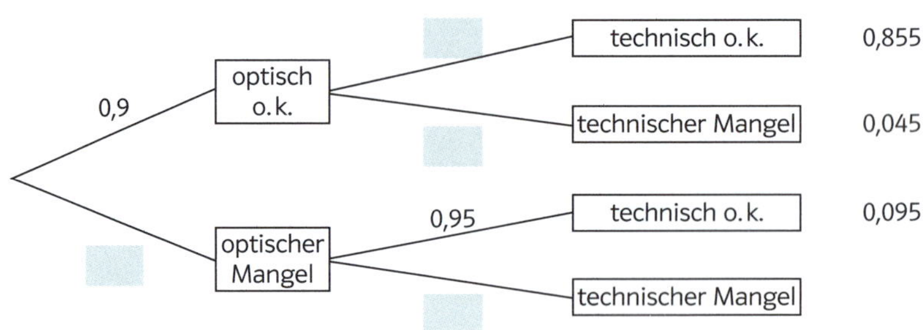

2 Unter den Schülerinnen und Schülern einer Schule sind 45 % Jungen (J). Von den Jungen haben 75 % ein Smartphone (S) und 5 % haben gar kein Mobiltelefon (kM). Von den Mädchen (M) haben 80 % ein Smartphone und 10 % gar kein Mobiltelefon.

a) Stellen Sie die Daten in einem Baumdiagramm dar und berechnen Sie die Pfadwahrscheinlichkeiten.

b) Auf dem Schulhof wird eine Person zufällig angesprochen.

(1) Mit welcher Wahrscheinlichkeit ist es ein Mädchen ohne Mobiltelefon?

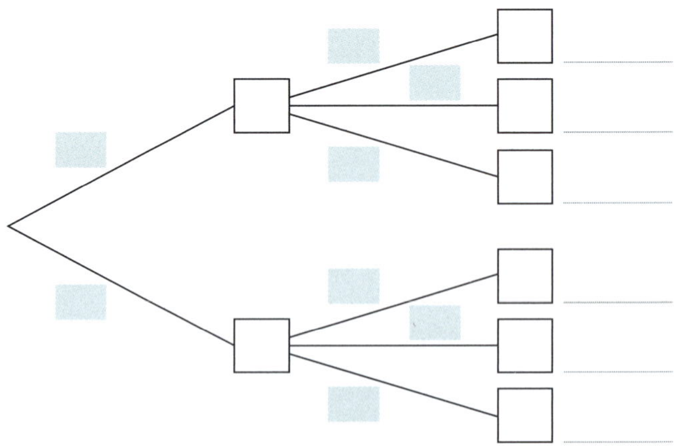

(2) Wie groß ist die Wahrscheinlichkeit dafür, dass jemand mit Smartphone angesprochen wird?

3 Stellen Sie die Daten der Artikel in einem Baumdiagramm dar. Bestimmen Sie auch die Pfadwahrscheinlichkeiten. Was fällt Ihnen auf?

► Cannabis-Nutzer in der Minderheit

Männer und Frauen meist ohne Erfahrung
Im Alter von 18–19 Jahren haben 38,9 % der Männer und 25,3 % der Frauen in ihrem Leben bis dahin mindestens einmal Cannabis probiert. Der Anteil der Männer liegt in dieser Altersgruppe bei 51,5 %.

Bei Cannabis-Konsum sind Männer gefährdet

Unter den 18- bis 19-Jährigen mit Cannabis-Erfahrung sind die Männer mit 61,9 % deutlich in der Mehrheit. Bei denen, die noch nie Cannabis zu sich genommen haben, liegen dagegen die Frauen mit 53,5 % knapp vorn. Insgesamt haben aus dieser Altersgruppe knapp ein Drittel (32,3 %) in ihrem bisherigen Leben Cannabis konsumiert. ■

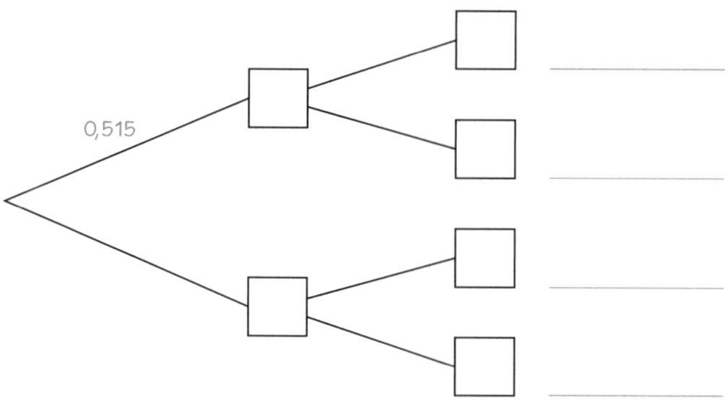

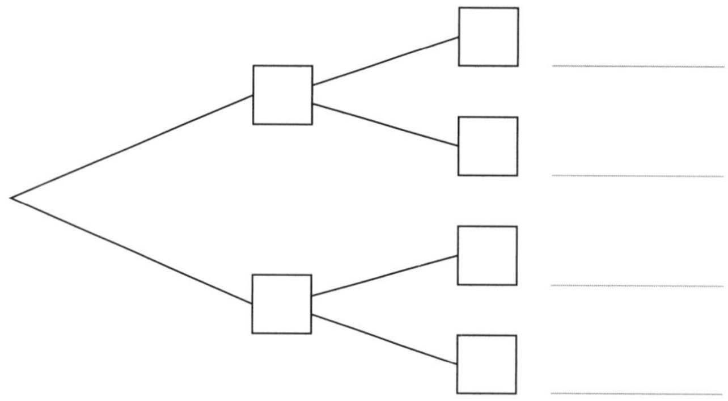

4 Wenn einer Person der Führerschein entzogen wurde, muss sie, um die Fahrerlaubnis wieder zu erhalten, erfolgreich an einer medizinisch-psychologischen Untersuchung teilnehmen. In einem Jahr nahmen 153 136 Kraftfahrer teil. Unter ihnen waren 102 270 Personen, die wegen Vergehen mit Alkoholbeteiligung teilnehmen mussten. Von den Alkoholsündern wurden 30 % als geeignet zum Führen eines Kraftfahrzeugs eingestuft, insgesamt waren es 41 %.

a) Erstellen Sie mit den Daten ein Baumdiagramm mit den Merkmalen „Grund für Führerscheinentzug" auf der ersten Stufe und „Prüfungsergebnis" auf der zweiten Stufe.

b) Wie groß ist die Wahrscheinlichkeit dafür, bei zufälliger Auswahl unter allen Prüfungsteilnehmern

(1) einen Alkoholsünder auszuwählen, der die Prüfung nicht bestanden hat? ______

(2) einen Nicht-Alkoholsünder auszuwählen, der die Prüfung bestanden hat? ______

Wenn man die Wahrscheinlichkeit für ein Ereignis A berechnen möchte, ist es manchmal günstiger, die **Wahrscheinlichkeit für das Gegenereignis** $\overline{A}$ zu berechnen. Es gilt: $P(A) + P(\overline{A}) = 1$, also $P(A) = 1 - P(\overline{A})$

Wie groß ist die Wahrscheinlichkeit dafür, dass bei 3 Schülern das Ereignis A: „Mindestens zwei haben am gleichen Wochentag Geburtstag" eintritt?
Das Baumdiagramm dazu wird sehr groß, denn es gibt 7 Äste auf jeder der drei Stufen, also $7^3 = 343$ Pfade. Nun müssten alle Pfadwahrscheinlichkeiten addiert werden, bei denen 2 oder 3 Schüler am gleichen Tag Geburtstag haben. Das ist ziemlich mühsam.
Einfacher ist es mit dem Gegenereignis $\overline{A}$: „Alle Schüler haben an verschiedenen Tagen Geburtstag".
Für die Berechnung heißt das, es gibt auf der ersten Stufe 7 Äste, auf der zweiten 6 und auf der dritten 5, also $7 \cdot 6 \cdot 5 = 210$ Pfade. Die Wahrscheinlichkeit für jeden Pfad ist $\left(\frac{1}{7}\right)^3$.
Die Wahrscheinlichkeit für $\overline{A}$ ist also: $P(\overline{A}) = 210 \cdot \left(\frac{1}{7}\right)^3 = 0{,}612$ und damit $P(A) = 1 - 0{,}612 = 0{,}388$.

5 Bei einer Aktienwette wird vereinbart, dass man keine Rendite erhält, wenn mindestens eine der fünf Aktien im Portfolio unter einen bestimmten Wert fällt. Jede Aktie hat ein Risiko von 10 %, unter diesen Wert zu fallen. Bestimmen Sie die Wahrscheinlichkeit dafür, keine Rendite zu bekommen. ______

Aus zwei Ereignissen kann man neue Ereignisse bilden:
- die **Schnittmenge** $E \cap F$: Sie enthält alle Ergebnisse, die in E **und** in F liegen.
- die **Vereinigungsmenge** $E \cup F$: Sie enthält alle Ergebnisse, die mindestens zu einem Ereignis E, F gehören, also E **oder** F (gesamte eingefärbte Fläche).

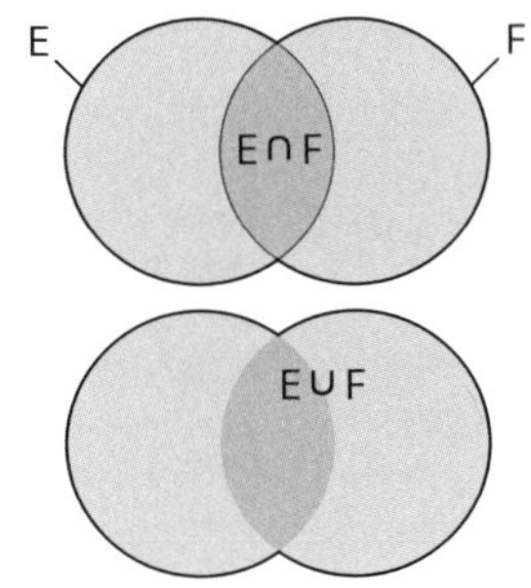

Beispiel: Man würfelt mit einem Würfel. Dabei gelten folgende Ereignisse:
E: „Die Zahl ist ungerade", $E = \{1, 3, 5\}$ und F: „Die Zahl ist eine Primzahl", $F = \{2, 3, 5\}$.
Damit gilt $E \cap F$: „Die Zahl ist ungerade und eine Primzahl", $E \cap F = \{3, 5\}$ bzw.
$E \cup F$: „Die Zahl ist ungerade oder eine Primzahl", $E \cup F = \{1, 2, 3, 5\}$.

1 Eine Urne enthält vier Kugeln, die mit den Zahlen 1 bis 4 beschriftet sind. Es werden zwei Kugeln mit Zurücklegen gezogen. Das Ereignis E sei „Die erste Kugel ist die 1" und das Ereignis F sei „Die Summe der gezogenen Zahlen ist gerade".

a) Die Ereignisse und ihre Gegenereignisse $\overline{E}$ und $\overline{F}$ lauten in Mengenschreibweise:

$E = \{11; 12;$ ______________________ $\}$ und $F = \{$ ______________________ $\}$.

$\overline{E} =$ ______________________ ; $\overline{F} =$ ______________________ .

b) Für die Schnittmenge und die Vereinigungsmenge von E, F und $\overline{F}$ gilt dann:

	in Worten	als Menge
$E \cap F$		
$E \cup F$		
$E \cup \overline{F}$		

c) Beschreiben Sie die Gegenereignisse von $E \cap F$ und von $E \cup F$ in Worten.

$\overline{E \cap F}$: ______________________

$\overline{E \cup F}$: ______________________

d) Beschreiben Sie das Ereignis A: „Entweder E oder F" in Worten. Geben Sie A in aufzählender Mengenschreibweise an.

____

2 Eine 5-Cent-, eine 1-Euro- und eine 2-Euro-Münze werden geworfen. Dabei gelten folgende Ereignisse:
E: Die 5-Cent-Münze zeigt Zahl. F: Die 1-Euro-Münze zeigt Wappen. G: Die 2-Euro-Münze zeigt Zahl.
Drücken Sie die folgenden Ereignisse mit Hilfe von E, F und G aus:

A_1: Die 1-Euro-Münze zeigt Zahl.	$A_1 = \overline{F}$
A_2: Die 5-Cent-Münze zeigt keine Zahl.	
A_3: Nur die 5-Cent-Münze zeigt Zahl.	
A_4: Alle Münzen zeigen Zahl.	
A_5: Eine Münze zeigt Zahl.	
A_6: Genau eine Münze zeigt Zahl.	

3 Ein Autofahrer passiert auf seinem Weg zur Arbeit drei voneinander unabhängig geschaltete Ampeln. Das Ereignis A_i gibt an, dass die i-te Ampel grün zeigt. Drücken Sie folgende Ereignisse mithilfe von A_1, A_2 und A_3 aus:

a) Alle drei Ampeln zeigen grün.
b) Die 1. oder die 3. Ampel zeigt grün.
c) Entweder die 1. oder die 3. Ampel zeigt grün.
d) Zwei Ampeln zeigen grün.
e) Mindestens eine Ampel zeigt grün.

Um für zwei Ereignisse E und F die Wahrscheinlichkeit $P(E \cup F)$ zu bestimmen, zählt man alle Ergebnisse, die zu E oder zu F gehören. Dabei zählt man die Ergebnisse, die zu E und zu F gehören, doppelt. Deshalb kann man dann $P(E \cup F)$ mithilfe des **Additionssatzes** berechnen:
$P(E \cup F) = P(E) + P(F) - P(E \cap F)$.

Beispiel: Eine Urne enthält fünf rote, drei weiße und zwei schwarze Kugeln. Man zieht zwei Kugeln mit Zurücklegen. Gesucht ist die Wahrscheinlichkeit, dass die erste Kugel schwarz oder die zweite Kugel rot ist.

Das Ereignis E sei „Die erste Kugel ist schwarz" und F sei „Die zweite Kugel ist rot". Dann gilt für die Wahrscheinlichkeiten: $P(E) = \frac{2}{10} = \frac{1}{5}$ und $P(F) = \frac{5}{10} = \frac{1}{2}$.

$E \cap F$ ist das Ereignis „Die erste Kugel ist schwarz und die zweite ist rot", also ist $P(E \cap F) = \frac{1}{5} \cdot \frac{1}{2} = \frac{1}{10}$.

Somit folgt: $P(E \cup F) = P(E) + P(F) - P(E \cap F) = \frac{1}{5} + \frac{1}{2} - \frac{1}{10} = \frac{6}{10} = \frac{3}{5}$.

4 Ein Würfel und eine Münze werden geworfen. Wie groß ist die Wahrscheinlichkeit, dass der Würfel eine 3 oder die Münze Zahl zeigt?

Die Ereignisse E und F sind hier E: „ ______ "

und F: „ ______ ".

Die Wahrscheinlichkeiten sind $P(E) =$ ______ und $P(F) =$ ______ und $P(E \cap F) =$ ______ .

Damit ist die gesuchte Wahrscheinlichkeit $P(E \cup F) =$ ______ .

5 Eine Urne enthält 10 Kugeln, die mit den Zahlen von 1 bis 10 beschriftet sind. Berechnen Sie die folgenden Wahrscheinlichkeiten. Füllen Sie dazu die Tabelle aus.

a) Es wird eine Kugel gezogen. Wie groß ist die Wahrscheinlichkeit, dass die gezogene Zahl ungerade oder größer als 6 ist?

b) Es werden zwei Kugeln mit Zurücklegen gezogen. Wie groß ist die Wahrscheinlichkeit, dass die erste Zahl gerade oder die zweite Zahl kleiner als 4 ist?

c) Es werden zwei Kugeln mit Zurücklegen gezogen. Wie groß ist die Wahrscheinlichkeit, dass die erste oder die zweite Zahl durch drei teilbar ist?

	E	F	P(E)	P(F)	$P(E \cap F)$	$P(E \cup F)$
a)						
b)						
c)						

d) Es wird eine Kugel gezogen. Geben Sie zwei Ereignisse E und F an, bei denen man die Wahrscheinlichkeit für die Vereinigungsmenge $P(E \cup F)$ berechnen kann, indem man die Wahrscheinlichkeiten P(E) und P(F) addiert.

E: ______ , F: ______ .

e) Welche Eigenschaft müssen E und F haben, damit die Formel $P(E \cup F) = P(E) + P(F)$ gilt?

6 Von den 184 Schülern der ersten Jahrgangsstufe eines beruflichen Gymnasiums belegen 67 Schüler den Kurs Biologie und 38 den Kurs Physik. Darunter sind 12 Schüler, die sowohl Biologie als auch Physik belegt haben.

Wie groß ist die Wahrscheinlichkeit, dass ein zufällig ausgewählter Schüler der Jahrgangsstufe 1

a) Biologie belegt hat?

b) Physik belegt hat?

c) Biologie und Physik belegt hat?

d) Biologie oder Physik belegt hat?

In einer **Vierfeldertafel** lassen sich die Häufigkeiten zu zwei Ereignissen A und B und ihren Gegenereignissen $\overline{A}$ und $\overline{B}$ übersichtlich darstellen.

Beispiel: Beim Wintersporttag des Albert-Einstein-Gymnasiums können sich die Schüler zwischen Skifahren (S) und anderen Aktivitäten $(\overline{S})$ entscheiden. In der Vierfeldertafel sind die Entscheidungen getrennt nach den Schülern der Jahrgangstufe (J) und der anderen Stufen $(\overline{J})$ eingetragen.

	S	$\overline{S}$	
J	75	45	120
$\overline{J}$	396	324	720
	471	369	840

Damit lässt sich z.B. die Wahrscheinlichkeit der Schnittmenge $J \cap S$, also des Ereignisses „Der Schüler ist in der Jahrgangstufe und geht Skifahren" bestimmen:

$P(J \cap S) = \frac{75}{840} = \frac{5}{56} \approx 0{,}0893$. Ebenso ergibt sich $P(\overline{J} \cap S) = \frac{396}{840} \approx 0{,}4714$. Statt absoluter Häufigkeiten kann man auch relative Häufigkeiten in die Vierfeldertafel eintragen (vgl. rechts).

	S	$\overline{S}$	
J	0,0893	0,0536	0,1429
$\overline{J}$	0,4714	0,3857	0,8571
	0,5607	0,4393	1

1 a) Vervollständigen Sie die Vierfeldertafel.
b) Bestimmen Sie die folgenden Wahrscheinlichkeiten:

	B	$\overline{B}$	
A	16		
$\overline{A}$		36	
	36		90

$P(A)$ = ________________, $P(\overline{A})$ = ________________,

$P(B)$ = ________________, $P(\overline{B})$ = ________________,

$P(A \cap B)$ = ________________, $P(\overline{A} \cap B)$ = ________________, $P(A \cap \overline{B})$ = ________________ und

$P(\overline{A} \cap \overline{B})$ = ________________.

In obigem Beispiel beträgt die Wahrscheinlichkeit, dass ein zufällig ausgewählter Schüler Skifahren geht, $\frac{471}{840} \approx 56{,}07\,\%$. Weiß man zudem, dass der Schüler die Jahrgangstufe besucht, beträgt die Wahrscheinlichkeit, dass er Skifahren geht, $\frac{75}{120} = 62{,}5\,\%$, denn 75 der 120 Jahrgangstufenschüler gehen Skifahren. Man nennt dies die bedingte Wahrscheinlichkeit für das Eintreten von S, wenn man weiß, dass J eingetreten ist, und schreibt dafür $P_J(S)$. Man berechnet sie durch $\frac{P(J \cap S)}{P(J)}$.
Allgemein ist $\mathbf{P_A(B)} = \frac{P(A \cap B)}{P(A)}$ die **bedingte Wahrscheinlichkeit** von B unter der Bedingung A.

2 In einem Betrieb wird ein Bauteil von zwei Maschinen produziert. Es werden die beiden Ereignisse A: „Das Bauteil wurde von Maschine 1 produziert" und D: „Das Bauteil ist defekt" betrachtet.

a) Beschreiben Sie die folgenden Ereignisse in Worten: $P_A(D)$, $P_{\overline{A}}(D)$, $P_D(A)$ und $P_{\overline{D}}(\overline{A})$.

b) Vervollständigen Sie die Vierfeldertafel.

c) Bestimmen Sie die folgenden Wahrscheinlichkeiten.

	D	$\overline{D}$	
A		0,34	
$\overline{A}$	0,05		0,6
			1

Ein Teil ist defekt: P(________) = ________________.

Ein Teil, das von Maschine 1 produziert wurde, ist defekt: P____(______) = ________________.

Ein Teil, das von Maschine 1 produziert wurde, ist nicht defekt: P____(______) = ________________.

Ein Teil, das defekt ist, wurde von Maschine 1 produziert: P____(______) = ________________.

Wenn $P_A(B) = P(B)$ ist, nennt man die Ereignisse A und B **stochastisch unabhängig**. Man kann dies wie folgt interpretieren: Das Eintreten von A beeinflusst die Wahrscheinlichkeit des Eintretens von B nicht. Es gilt: Die Ereignisse A und B sind genau dann stochastisch unabhängig, wenn $P(A \cap B) = P(A) \cdot P(B)$ ist.

Beispiel: In einer Urne sind fünf Kugeln, beschriftet mit den Zahlen von 1 bis 5. Man zieht zwei Kugeln.
Ereignis A: „Im ersten Zug wird eine Kugel mit einer geraden Zahl gezogen"
Ereignis B: „Im zweiten Zug wird eine Kugel mit einer geraden Zahl gezogen"
Es ist $P(A) = \frac{2}{5}$. Dagegen ist P(B) abhängig davon, ob die erste Kugel zurückgelegt wird oder nicht.
Ziehen mit Zurücklegen:
$P(B) = \frac{2}{5}$ und $P(A \cap B) = \frac{2}{5} \cdot \frac{2}{5} = P(A) \cdot P(B)$. Also sind die Ereignisse A und B stochastisch unabhängig.
Ziehen ohne Zurücklegen:
$P(B) = P(\text{gerade-gerade}) + P(\text{ungerade-gerade}) = \frac{2}{5} \cdot \frac{1}{4} + \frac{3}{5} \cdot \frac{2}{4} = \frac{8}{20} = \frac{2}{5}$ und $P(A \cap B) = \frac{2}{5} \cdot \frac{1}{4} = \frac{2}{20} = \frac{1}{10}$.
Damit ist $P(A \cap B) \neq P(A) \cdot P(B)$. Also sind die Ereignisse A und B nicht stochastisch unabhängig.

1 Eine Münze wird zweimal geworfen. E steht für: „Der erste Wurf zeigt Wappen" F steht für: „Es fallen zwei verschiedene Seiten der Münze".

Es ist P(E) = ______________, P(F) = ______________ und P(E) · P(F) = ______________.

Da $P(E \cap F)$ = ______________ ist, sind die Ereignisse E und F ______________.

2 a) Vervollständigen Sie die Vierfeldertafel.
b) Berechnen Sie $P_A(B)$, $P_{\overline{A}}(B)$, $P_B(A)$ und $P_{\overline{B}}(A)$.
c) Untersuchen Sie A und B auf stochastische Unabhängigkeit.

	A	$\overline{A}$	
B			0,8
$\overline{B}$	0,1		
	0,3		

3 Das Glücksrad rechts wird zweimal gedreht. Man betrachtet die Ereignisse E: „Beim ersten Drehen erscheint die 1" und F: „Die Summe der Zahlen ist gerade".
a) Zeichnen Sie ein Baumdiagramm.
b) Erstellen Sie die zugehörige Vierfeldertafel.
c) Sind die Ereignisse E und F stochastisch unabhängig? Begründen Sie Ihre Antwort auf verschiedene Arten.

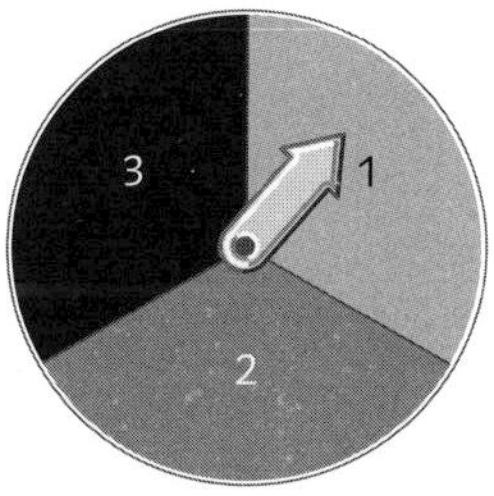

4 Etwa 30 % aller Männer (M) schnarchen (S). Bei den Frauen (F) beträgt der Anteil nur ca. 10 %.
a) Erstellen Sie eine Vierfeldertafel. Gehen Sie von gleich vielen Männern wie Frauen aus.
b) Berechnen Sie die bedingte Wahrscheinlichkeit $P_{\overline{S}}(M)$ und interpretieren Sie sie.
c) Sie liegen im Hotelzimmer. Im Zimmer links neben Ihrem ist eine Frau. Mit welcher Wahrscheinlichkeit schnarcht sie? Im Zimmer rechts neben Ihrem hören Sie jemanden schnarchen. Mit welcher Wahrscheinlichkeit ist es eine Frau?

5 Gegeben ist eine Vierfeldertafel. Kreuzen Sie an.

	E	$\overline{E}$	
F	A	B	C
$\overline{F}$	D	G	H
	I	J	

	wahr	falsch
a) Im Feld C steht die Summe aus Feld A und B.	☐	☐
b) Die Summe aus Feld A und D ergibt 1.	☐	☐
c) Die Summe aus Feld I und J ergibt 1.	☐	☐
d) Der Quotient $\frac{A}{C}$ ist die bedingte Wahrscheinlichkeit $P_E(F)$.	☐	☐
e) Wenn der Quotient $\frac{A}{I}$ gleich dem Eintrag in C ist, sind die Ereignisse E und F unabhängig.	☐	☐

Aus einer Urne mit n Kugeln wird k-mal gezogen. Für die Anzahl der möglichen Ziehungen ist es entscheidend, ob man nach jedem Zug die gezogenen Kugeln zurücklegt und ob die Reihenfolge der gezogenen Kugeln berücksichtigt wird.
Für die Frage, wie viele Möglichkeiten es gibt, gelten die folgenden Formeln der Kombinatorik:

1. Fall: mit Zurücklegen und mit Berücksichtigung der Reihenfolge	n^k
2. Fall: ohne Zurücklegen und mit Berücksichtigung der Reihenfolge	$n \cdot (n-1) \cdot (n-2) \cdot \ldots \cdot (n-k+1) = \frac{n!}{(n-k)!}$
3. Fall: ohne Zurücklegen und ohne Berücksichtigung der Reihenfolge	$\binom{n}{k} = \frac{n!}{k! \cdot (n-k)!}$

Dabei ist **n!** $= n \cdot (n-1) \cdot (n-2) \cdot \ldots \cdot 1$ (sprich: „**n Fakultät**") das Produkt der natürlichen Zahlen von 1 bis n. $\binom{n}{k}$ (sprich: „**n über k**") nennt man **Binomialkoeffizient**.

Beispiel:
Eine Urne enthält 8 Kugeln, die mit den Zahlen von 1 bis 8 nummeriert sind. Man zieht 5 Kugeln.
1. Mit Zurücklegen und mit Berücksichtigung der Reihenfolge gibt es $8^5 = 32768$ Möglichkeiten.
2. Ohne Zurücklegen und mit Berücksichtigung der Reihenfolge gibt es $8 \cdot 7 \cdot 6 \cdot 5 \cdot 4 = \frac{8!}{3!} = 6720$ Möglichkeiten.
3. Ohne Zurücklegen und ohne Berücksichtigung der Reihenfolge gibt es $\binom{8}{5} = \frac{8!}{5! \cdot 3!} = 56$ Möglichkeiten.

1 Max ändert das Passwort seines Tablet-PCs. Er entscheidet sich für eine 8-stellige Buchstabenfolge, bei der Buchstaben auch mehrfach vorkommen können.
a) Warum erweist sich das Baumdiagramm als ungeeignet zur Darstellung der möglichen Passwörter?
b) Angenommen, das Alphabet entspricht einer Urne und ein Buchstabe einer Kugel. Welchem Urnenmodell entspricht der Vorgang?
c) Wie viele Möglichkeiten gibt es?

2 Lena hat aus der Bücherei 5 Bücher entliehen und möchte sie in ihr Bücherregal stellen.
a) Wie viele Möglichkeiten gibt es, ein erstes Buch hinzustellen?
b) Wie viele Möglichkeiten gibt es, ein zweites Buch hinzustellen?
c) Angenommen das Bücherregal wäre eine Urne und ein Buch eine Kugel. Welchem Urnenmodell entspricht der Vorgang in Teilaufgabe b)?
d) Wie viele Möglichkeiten gibt es, alle 5 Bücher hinzustellen?
e) Wie viele Möglichkeiten gibt es, wenn das Bücherregal Platz für nur 3 Bücher hat und es keine Rolle spielt, welche Bücher ausgewählt werden?

3 Eine Urne enthält 6 Kugeln, die mit den Zahlen von 1 bis 6 nummeriert sind. Wie viele Möglichkeiten gibt es in den folgenden Fällen?
a) Es werden 3 Kugeln ohne Zurücklegen gezogen, dabei wird die Reihenfolge berücksichtigt: ________.
b) Es werden 6 Kugeln ohne Zurücklegen gezogen, dabei wird die Reihenfolge berücksichtigt: ________.
c) Es werden 3 Kugeln ohne Zurücklegen gezogen, dabei wird die Reihenfolge nicht berücksichtigt: ______.
d) Es werden 6 Kugeln ohne Zurücklegen gezogen, dabei wird die Reihenfolge nicht berücksichtigt: ______.
e) Es werden 3 Kugeln mit Zurücklegen gezogen, dabei wird die Reihenfolge berücksichtigt: ________.
f) Es werden 6 Kugeln mit Zurücklegen gezogen, dabei wird die Reihenfolge berücksichtigt: ________.
g) Mit welchem Fall stimmt das Ergebnis von „Es werden 3 Kugeln mit einem Griff gezogen" überein? ____.

4 Auf welchen der drei Fälle im Merkkasten auf S. 38 kann man die Bestimmung der folgenden Anzahlen zurückführen? Notieren Sie den Fall und berechnen Sie die Anzahl.

Aufgabe	Fall	Berechnung
Fünf Personen setzen sich nebeneinander auf eine Bank. Wie viele mögliche Sitzordnungen gibt es?		
Wie viele dreistellige Zahlen kann man aus vier Karten mit den Ziffern 2, 4, 7 und 9 bilden?		
Aus den 83 Mitgliedern eines Musikvereins wird ein fünfköpfiger Vorstand gewählt. Wie viele Möglichkeiten gibt es dafür?		
Aus dem fünfköpfigen Vorstand werden ein 1. Vorsitzender, ein 2. Vorsitzender und ein Kassierer gewählt. Wie viele Möglichkeiten gibt es dafür?		
Eine Eisdiele hat 28 Sorten Speiseeis. Wie viele verschiedene Eisbecher mit vier Kugeln Eis können Sie anbieten?		

5 Berechnen Sie.

a) $4! =$ ______ b) $9! =$ ______ c) $\binom{8}{3} =$ ______ d) $\binom{4}{0} =$ ______

e) $\binom{4}{1} =$ ______ f) $\binom{4}{2} =$ ______ g) $\binom{4}{3} =$ ______ h) $\binom{4}{4} =$ ______

6 Wie viele dreistellige Zahlen gibt es, deren Ziffern alle
a) ungerade sind?
b) ungerade und verschieden sind?
c) gerade sind?
d) gerade und verschieden sind?

7 Welche der folgenden Behauptungen sind wahr, welche falsch?

	wahr	falsch
a) Für umfangreiche mehrstufige Zufallsexperimente erweist sich das Baumdiagramm als ungeeignet. Stattdessen bedient man sich der Kombinatorik.	☐	☐
b) Bei den Urnenmodellen unterscheidet man nur, ob die gezogenen Kugeln zurückgelegt werden.	☐	☐
c) Bei den Urnenmodellen unterscheidet man nur, ob die Reihenfolge der Ziehung wichtig ist.	☐	☐
d) Bei den Urnenmodellen unterscheidet man, ob die gezogenen Kugeln zurückgelegt werden und ob die Reihenfolge der Ziehung wichtig ist.	☐	☐
e) Der Binomialkoeffizient kann verwendet werden, wenn die Reihenfolge der gezogenen Kugeln keine Rolle spielt und die gezogene Kugel auch nicht zurückgelegt wird.	☐	☐

Mithilfe der Bestimmung von Anzahlen kann man **Wahrscheinlichkeiten berechnen**, die man auf ein Zufalls-Experiment zurückführen kann, bei dem alle Ergebnisse gleich wahrscheinlich sind (Laplace-Experiment). Dann gilt für die Wahrscheinlichkeit des Ereignisses E: $P(E) = \frac{\text{Anzahl der günstigen Ergebnisse}}{\text{Anzahl der möglichen Ergebnisse}}$.

Beispiel: In Johannas Mathematik-Kurs sind 22 Schülerinnen und Schüler. Von diesen werden 3 Personen ausgelost. Wie groß ist die Wahrscheinlichkeit, dass Johanna dabei ist?

Lösung: Insgesamt gibt es $\binom{22}{3} = 1540$ Möglichkeiten. Bei $\binom{21}{2} = 210$ dieser Möglichkeiten ist Johanna unter den dreien, denn außer Johanna gibt es dann noch zwei weitere Schülerinnen und Schüler von 21 möglichen (21 ohne Johanna) in der Dreiergruppe.

Somit beträgt die Wahrscheinlichkeit, dass Johanna dabei ist: $\frac{\binom{21}{2}}{\binom{22}{3}} = \frac{210}{1540} \approx 0{,}1364$.

8 Eine ideale Münze wird sechsmal geworfen und jedes Mal notiert, ob Wappen oder Zahl gefallen ist.

a) Wie viele mögliche Ergebnisse gibt es bei einem Wurf? ______

b) Wie viele mögliche Ergebnisse gibt es insgesamt? ______

c) Wie viele Möglichkeiten gibt es für das Ereignis „Es fällt genau fünfmal Zahl in beliebiger Reihenfolge"?

______

d) Wie groß ist dann die Wahrscheinlichkeit, dass bei einem sechsmaligen Werfen einer Münze genau fünfmal Zahl in beliebiger Reihenfolge fällt? ______

9 In einer Urne sind vier rote, fünf blaue und drei weiße Kugeln. Es werden drei Kugeln mit einem Griff entnommen. Mit welcher Wahrscheinlichkeit erhält man

a) drei verschiedenfarbige Kugeln.

b) zwei rote und eine blaue Kugel.

c) genau zwei weiße Kugeln.

d) keine weiße Kugeln.

a) ______; b) ______; c) ______; d) ______;

10 Alina, Benny, Chris, David und Emil stellen sich in eine Reihe.

a) Wie viele Aufstellungen sind möglich?

b) Alina möchte neben Emil stehen. Wie viele Aufstellungen aller Personen sind möglich, wenn Alina links von Emil steht?

c) Wie viele Aufstellungen aller Personen sind möglich, wenn Alina rechts von Emil steht?

d) Mit welcher Wahrscheinlichkeit stehen in der Reihe Alina und Emil nebeneinander?

a) ______; b) ______; c) ______; d) ______;

11 Ordnen Sie die folgenden Ereignisse den untenstehenden Termen zur Berechnung der Wahrscheinlichkeiten zu. Berechnen Sie dann die Wahrscheinlichkeiten.

a) Ein Würfel wird viermal geworfen. Wie groß ist die Wahrscheinlichkeit, dass keine Sechs fällt?

b) Ein Würfel wird viermal geworfen. Wie groß ist die Wahrscheinlichkeit, dass nur Sechsen fallen?

c) Moritz wählt aus 6 Gedichten, unter denen das Lieblingsgedicht von Max ist, zufällig vier aus. Wie groß ist die Wahrscheinlichkeit, dass das Lieblingsgedicht von Max dabei ist?

d) Anna hat eine Urne mit 6 Kugeln, die mit den Buchstaben „A", „A", „E", „N", „N" und „T" beschriftet sind. Sie zieht 4 Kugeln ohne Zurücklegen. Wie groß ist die Wahrscheinlichkeit, dass sie ihren Namen zieht (also „A" – „N" – „N" – „A" in dieser Reihenfolge)?

e) Anna hat eine Urne mit 6 Kugeln, die mit den Buchstaben „A", „B", „E", „N", „R" und „T" beschriftet sind. Sie zieht 4 Kugeln mit Zurücklegen. Wie groß ist die Wahrscheinlichkeit, dass sie ihren Namen zieht?

$P(E) = \frac{5^4}{6^4}$ Ereignisse: ______

$P(E) = \frac{4}{6 \cdot 5 \cdot 4 \cdot 3}$ Ereignisse: ______

$P(E) = \frac{\binom{5}{3}}{\binom{6}{4}}$ Ereignisse: ______

$P(E) = \frac{1}{6^4}$ Ereignisse: ______

12 Fünf Freunde gehen zusammen ins Kino. Sie haben in der 11. Reihe die Plätze 9, 10, 11, 12 und 13. Es wird ausgelost, wer auf welchem Platz sitzt.

a) Wie viel mögliche Sitzordnungen gibt es?

b) Wie viel mögliche Sitzordnungen gibt es, bei denen Julian auf Platz 10 und Dick auf Platz 11 sitzen?

c) Wie viel mögliche Sitzordnungen gibt es, bei denen Julian und Dick nebeneinander sitzen?

d) Wie groß ist die Wahrscheinlichkeit, dass Julian in der Mitte sitzt?

e) Wie groß ist die Wahrscheinlichkeit, dass Julian auf Platz 10, Dick auf Platz 12 und Anne auf Platz 13 sitzen?

Wird mit dem Auftreten eines Ereignisses A ein bestimmter Zahlenwert verbunden, so nennt man diese Zuordnung **Zufallsgröße X.**
Die Funktion, die den Werten $x_1, x_2, x_3, \ldots, x_k$ der Zufallsgröße X ihre Wahrscheinlichkeiten $P(X = x_i)$ zuordnet, heißt **Wahrscheinlichkeitsverteilung der Zufallsgröße X.**

Beim Würfeln wird folgender Gewinnplan vereinbart. Bei einer 1 bekommt der Spieler 1 €, bei einer 2, 3 oder 4 zahlt er 1,50 € und bei 5 oder 6 bekommt er 2,50 €.
X gibt den Gewinn in € an.

Ereignis	{1}	{2, 3, 4}	{5, 6}
x_i in €	1	−1,50	2,50
$P(X = x_i)$	$\frac{1}{6}$	$\frac{3}{6} = \frac{1}{2}$	$\frac{2}{6} = \frac{1}{3}$

1 Die Zufallsgröße X gibt aus Spielersicht die Höhe des Gewinns in Euro beim einmaligen Würfeln an. Bestimmen Sie die Wahrscheinlichkeitsverteilung für X.
a) Es wird vereinbart, dass der Spieler beim Ereignis „1 oder 2" drei Euro bezahlen muss, beim Ereignis „3, 4, 5 oder 6" bekommt er einen Euro.
b) Der Spieler muss einen Euro Einsatz zahlen und er erhält beim Ereignis „1 oder 2" nichts, bei „3 oder 4" eine Auszahlung von 0,50 €, bei „5 oder 6" eine Auszahlung von 2 €.

a)

Ereignis		
x_i		
$P(X = x_i)$		

b)

Ereignis			
x_i			
$P(X = x_i)$			

2 Bei der Produktion von Vasen gibt es drei mögliche Fehler. Glasurfehler treten mit einer Wahrscheinlichkeit von 10 % auf, Farbfehler mit 6 % und Unebenheiten mit 12 %.
Eine Vase wird als Ausschuss nicht in den Verkauf gegeben, wenn zwei oder drei Fehler auftreten. Wenn nur ein Fehler auftritt, wird die Vase als II. Wahl verkauft. Wenn kein Fehler auftritt, dann ist die Vase I. Wahl.
a) Erstellen Sie ein Baumdiagramm mit den drei Stufen der Fehlerarten.
b) Die Zufallsgröße X beschreibt die Anzahl der Fehler der Vase.
Geben Sie die Wahrscheinlichkeitsverteilung von X an.

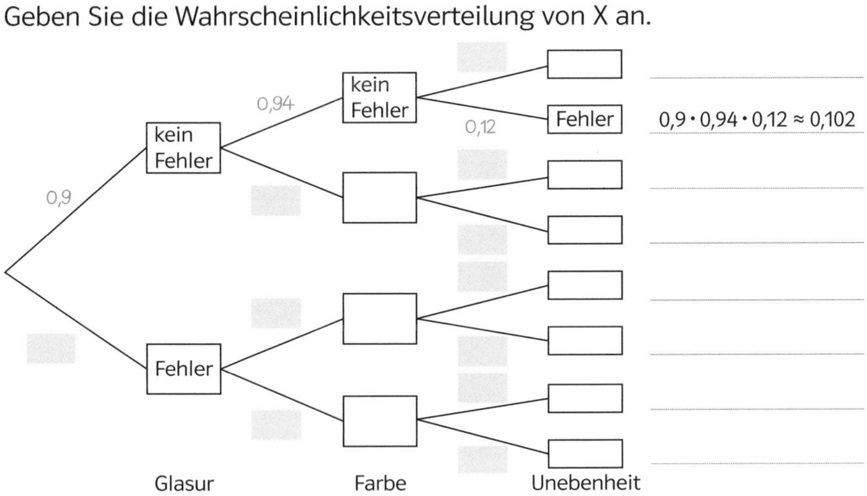

x_i	0	1	2	3
$P(X = x_i)$				

3 Beim Münzwurf wird vereinbart, dass zweimal geworfen wird. Der Spieler erhält 2 € für jedes Wappen und muss 3 € für jede Zahl bezahlen.
Die Zufallsgröße X beschreibt die Höhe des Gewinns des Spielers (in Euro).
Geben Sie die Wahrscheinlichkeitsverteilung von X an.

4 Geben Sie zu der folgenden Wahrscheinlichkeitsverteilung der Zufallsgröße X ein mögliches Zufallsexperiment an.

x_i	−2	−1	0	2	5
$P(X = x_i)$	0,4	0,3	0,05	0,2	0,05

Bei einem Zufallsexperiment mit der Zufallsgröße X und den Werten $x_1, x_2, x_3, \ldots, x_k$ kann man berechnen, welcher durchschnittliche Wert pro Durchführung bei einer häufigen Durchführung des Experiments zu erwarten ist.
Diesen **Erwartungswert** berechnet man mit
$E(X) = x_1 \cdot p_1 + x_2 \cdot p_2 + \ldots + x_k \cdot p_k$
$p_1, p_2, \ldots, p_k$ sind dabei die Wahrscheinlichkeiten $P(X = x_i)$ für die Werte der Zufallsgröße.

Gibt die Zufallsgröße X den Gewinn bei einem Spiel an, dann heißt das Spiel **fair**, wenn $E(X) = 0$ ist.

Bei einem Würfelspiel wird vereinbart, dass der Spieler 1 € Einsatz zahlt. Bei einer 1 bekommt er 1 €, bei einer 2; 3 oder 4 bekommt er nichts und bei 5 oder 6 bekommt er 2,50 €.
X gibt den Gewinn des Spielers in Euro an. X kann also die Werte −1; 0 und 1,50 annehmen.

$E(X) = 0 \cdot \frac{1}{6} - 1 \cdot \frac{3}{6} + 1{,}50 \cdot \frac{2}{6} = 0$

Das Spiel ist fair, denn der langfristige durchschnittliche Gewinn pro Spiel beträgt 0 €.

1 Bestimmen Sie den Erwartungswert für die Zufallsgröße X.

x_i	−2	−1	1	1,5	3
$P(X = x_i)$	0,1	0,25	0,3	0,15	0,2

E(X) = ______

2 Das abgebildete Glücksrad wird einmal gedreht. Für jedes Spiel zahlt der Spieler 0,50 €.
a) Bei einer 1 erhält der Spieler 1 €, bei einer 2 oder 3 bekommt er nichts und bei einer 4 bekommt er 0,50 €.
Bestimmen Sie den Erwartungswert für den Gewinn in Euro.
b) Wie kann der Auszahlungsplan geändert werden, damit das Spiel fair wird? Geben Sie mindestens zwei Möglichkeiten an.

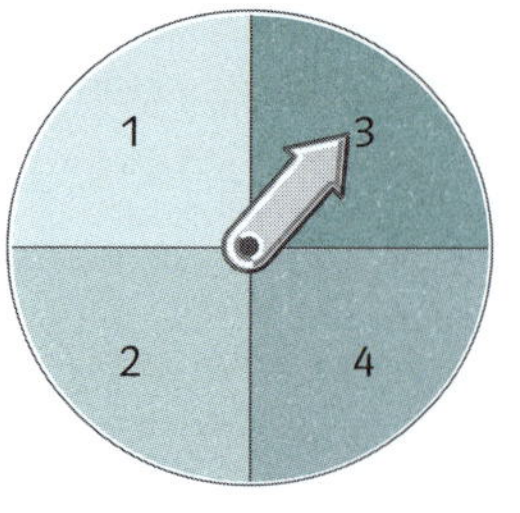

x_i in €	0,50	−0,50	0
Ergebnisse	1		
$P(X = x_i)$			

______

______

______

3 Bei der Überprüfung einer Maschine liegt die Wahrscheinlichkeit für einen sicherheitsrelevanten Mangel bei 3 %, für zwei Mängel bei 1 % und für drei Mängel bei 0,5 %. Bestimmen Sie den Erwartungswert für die Anzahl der Mängel. ______

4 Ein Lehrer bietet seiner Klasse folgendes Spiel an: Wenn sich beim Werfen mit zwei Würfeln die Augensumme 2; 3; 4; 9; 10; 11 oder 12 ergibt, zahlt er 2,50 € in die Klassenkasse, bei der Augensumme 5; 6; 7 oder 8 bekommt er 2 €.
a) Sollte die Klasse sich auf das Spiel einlassen?

x_i		
$P(X = x_i)$		

E(X) = ______

Die Klasse sollte ______.

b) Verändern Sie den Zahlungsplan so, dass für die Klasse der Erwartungswert bei 0,50 € pro Spiel liegt.

Zahlungsplan: ______

c) Verändern Sie den Zahlungsplan so, dass für den Lehrer der Erwartungswert 0,20 € beträgt.

Zahlungsplan: ______

Augensumme	Ergebnismengen	P
2	{(1; 1)}	
3	{(1; 2), (2; 1)}	
4	{(1; 3), (2; 2), (;)}	
5	{(;), (;), (;), (;)}	
6	{(;), (;), (;), (;), (;)}	
7	{(;), (;), (;), (;), (;), (;)}	
8	{(;), (;), (;), (;), (;)}	
9	{(;), (;), (;), (;)}	
10	{(;), (;), (;)}	
11	{(;), (;)}	
12	{(;)}	

5 a) Bestimmen Sie den Erwartungswert für die Gewinnhöhe beim Kauf eines Loses. ______

x_i in €					
$P(X = x_i)$					

b) Mit welchem täglichen Überschuss kann der Losbudenbesitzer rechnen, wenn er 500 Lose am Tag verkauft? ______

Jedes Los gewinnt

Für nur 5 € pro Los gewinnen Sie bei uns garantiert.

Auf Nachfrage teilt der Losbudenbesitzer mit: 1 % der Gewinne sind 100 € wert, 5 % 20 €, 10 % 12 €, 20 % 5 € und 64 % 1 €.

6 Bei einer Klassenlotterie liegt die Gewinnchance für 5 000 000 €, für 100 000 €, für 50 000 € und für 10 000 € jeweils bei 0,000000333, für 1000 € liegt sie bei 0,0333 und für 900 € bei 0,06. Ein Los kostet 150 €.

Bestimmen Sie den Erwartungswert für den Gewinn. ______

7 Aus einer Lego-Box mit 400 blauen, 300 roten, 100 gelben und 250 grünen Steinen wird zweimal blind mit Zurücklegen gezogen. Bestimmen Sie den Erwartungswert für die Anzahl der blauen Steine. ______

8 Bei einem Multiple-Choice-Test gibt es drei Fragen mit jeweils vier Antworten, von denen eine richtig ist. Ein Teilnehmer kreuzt zufällig an. Die Zufallsgröße X gibt die Zahl der richtigen Antworten an.
Mit wie vielen richtigen Antworten pro Test darf der Teilnehmer durchschnittlich bei vielen Testdurchführungen rechnen?

Bei einem Zufallsexperiment kann man als Maß für die Streuung der Ergebnisse um den Erwartungswert die **Varianz** V und die **Standardabweichung** σ bestimmen (σ, sprich: „Sigma").

Bei einem Zufallsexperiment mit der Zufallsgröße X und den Ergebnissen $x_1, x_2, x_3, \ldots, x_m$ mit den Wahrscheinlichkeiten $p_1, p_2, \ldots, p_m$ und dem Erwartungswert $E(X) = \mu$ gilt für die Varianz V:
$V = p_1 \cdot (x_1 - \mu)^2 + p_2 \cdot (x_2 - \mu)^2 + \ldots + p_m \cdot (x_m - \mu)^2$

Standardabweichung: $\sigma = \sqrt{V}$, also

$\sigma = \sqrt{p_1 \cdot (x_1 - \mu)^2 + p_2 \cdot (x_2 - \mu)^2 + \ldots + p_m \cdot (x_m - \mu)^2}$

Eine Münze wird 3-mal geworfen. Die Zufallsgröße X gibt die Anzahl der gewürfelten Wappen an.
$E(X) = \mu = 0{,}5^3 \cdot 0 + 3 \cdot 0{,}5^3 \cdot 1 + 3 \cdot 0{,}5^3 \cdot 2 + 0{,}5^3 \cdot 3 = 1{,}5$

Bei vielen Versuchsdurchführungen ist also damit zu rechnen, dass durchschnittlich 1,5-mal das Wappen geworfen wird. Die Ergebnisse verteilen sich mit folgender Standardabweichung um den Erwartungswert:

$\sigma = \sqrt{0{,}5^3 \cdot (0 - 1{,}5)^2 + 3 \cdot 0{,}5^3 \cdot (1 - 1{,}5)^2 + 3 \cdot 0{,}5^3 \cdot (2 - 1{,}5)^2 + 0{,}5^3 \cdot (3 - 1{,}5)^2} = 0{,}75$

9 a) Ein Reifenhersteller wirbt: „Unsere Reifen halten 70 000 km". Ein Test ergab folgendes Ergebnis:

x_i (in km)	60 000	65 000	70 000	75 000	80 000
$P(X = x_i)$	0,05	0,35	0,225	0,3	0,075

Prüfen Sie, ob die Werbeaussage durchschnittlich zutrifft, und bestimmen Sie die Standardabweichung der Reifenhaltbarkeit. ______

b) Ein anderer Hersteller hat Reifen, die im Durchschnitt $\bar{x} = 70\,000$ km halten. Dabei ist die Standardabweichung $\sigma = 4000$ km. Vergleichen Sie die Daten der beiden Reifen und machen Sie eine begründete Aussage über die Verlässlichkeit der zu erwartenden Laufleistung.

10 Ein Glücksrad zeigt mit gleicher Wahrscheinlichkeit die Ziffern 1, 2 und 3. Es wird dreimal gedreht. Bestimmen Sie Wahrscheinlichkeiten, Erwartungswert und Standardabweichung für die Anzahl der Einsen.

Anzahl Einsen x_i	0	1	2	3
$P(X = x_i)$				

$E(X) = \mu =$ ______

$\sigma =$ ______

Test

1 Ein vierseitiger Spezialwürfel mit den gleichwahrscheinlichen Zahlen 1, 2, 3 und 4 wird zweimal geworfen.
a) Geben Sie die Ergebnismenge S an.

b) Geben Sie das Ereignis A: „Augensumme kleiner als 4" in aufzählender Schreibweise an.

c) Bestimmen Sie für das Ereignis A die Wahrscheinlichkeit.

2 Wahr oder falsch?

	wahr	falsch
a) Die Standardabweichung σ einer Zufallsgröße X ist so groß wie ihre Wahrscheinlichkeit.	☐	☐
b) Beim Würfeln mit einem Laplace-Würfel hat jedes Ergebnis die Wahrscheinlichkeit $\frac{1}{6}$.	☐	☐
c) Die Pfadregeln gelten nur, wenn die Ereignisse unabhängig voneinander sind.	☐	☐
d) Wenn zwei Ereignisse unabhängig voneinander sind, dann ist die Wahrscheinlichkeit dafür, dass beide auftreten, so groß wie das Produkt der Einzelwahrscheinlichkeiten.	☐	☐
e) Beim Lotto 5 aus 30 gibt es $\binom{30}{5}$ verschiedene Kombinationen der Kugeln.	☐	☐

3 Ein Glücksrad wird zweimal gedreht. Für jedes Spiel zahlt der Spieler 1,50 €.
a) Wenn die Summe der angezeigten Zahlen kleiner als 9 ist, erhält der Spieler 3 €, wenn die Summe 9 ist, geht er leer aus, und bei einer Summe größer als 9 bekommt er 0,50 €. Bestimmen Sie den Erwartungswert des Gewinns.

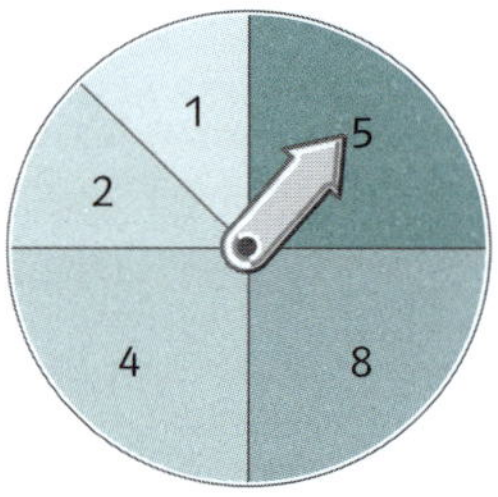

b) Wie kann der Auszahlungsplan geändert werden, damit das Spiel fair wird? Geben Sie mindestens zwei Möglichkeiten an.

4 Der Zeitungsartikel enthält Informationen zu Bildungsabschlüssen von Schülern und deren Eltern.
a) Stellen Sie die Informationen des Artikels in einem Baumdiagramm dar.
b) Erstellen Sie aus den Daten des Artikels und dem Baumdiagramm eine Vierfeldertafel.
c) Ermitteln Sie die durch den Bildungsabschluss der Eltern bedingten Wahrscheinlichkeiten für den erreichten Schulabschluss.
Schreiben Sie einen kurzen Artikel.

Mehr als die Hälfte der Abiturienten sind Bildungsaufsteiger

Bei 55 % der Abiturienten hatte kein Elternteil Abitur. Bei den Schülerinnen und Schülern ohne Abitur hatten nur 10 % mindestens ein Elternteil mit Abitur. Insgesamt schließen 32 % der jungen Erwachsenen ihre Schulzeit mit der allgemeinen Hochschulreife ab.

5 In einem Schafstall stehen 16 weiße und 9 schwarze Schafe. An 5 Tagen findet die Schur statt. Pro Tag werden 5 zufällig gewählte Schafe geschoren. Dem Schäfer ist die Reihenfolge der Schafe egal.
a) Wie viele Kombinationen gibt es, aus den Schafen die 5 für den ersten Schurtag auszuwählen?

b) Wie groß ist die Wahrscheinlichkeit dafür, dass am ersten Tag nur weiße Schafe dran sind?

c) Wie groß ist die Wahrscheinlichkeit dafür, dass am ersten Tag 2 schwarze und 3 weiße Schafe geschoren werden?

6 In einer Schule sind 1287 Schülerinnen und 1053 Schüler. Von den Schülern kommen 632 mit dem eigenen Auto zur Schule, von den Schülerinnen 518.
a) Stellen Sie die Daten in einer Vierfeldertafel zusammen.
b) Berechnen Sie aus den Daten der Vierfeldertafel den relativen Anteil der Schülerinnen und Schüler, die nicht mit dem Auto kommen.

Bernoulli-Experimente

ab Lerneinheit 1

Ein Zufallsexperiment mit nur zwei möglichen Ergebnissen heißt **Bernoulli-Experiment**. Eines der Ergebnisse wird **Treffer** genannt und hat die Wahrscheinlichkeit p. Das andere Ergebnis, die **Niete**, hat die Wahrscheinlichkeit $q = 1 - p$.

Interessieren bei einem Zufallsexperiment nur Ereignis und Gegenereignis, dann kann es als Bernoulli-Experiment angesehen werden.

Beispiel:
Beim Würfeln mit einem idealen Würfel wird das Ereignis A: „Augenzahl größer als 4" betrachtet.

Treffer: Augenzahl größer als 4 $p = \frac{1}{3}$

Niete: Augenzahl höchstens 4 $q = 1 - \frac{1}{3} = \frac{2}{3}$

1 Mit einer Wahrscheinlichkeit von 0,4 bestellt ein Kunde in einer bestimmten Imbiss-Bude nur Ketchup auf die Pommes frites, mit einer Wahrscheinlichkeit von 0,35 nur Mayonnaise und mit einer Wahrscheinlichkeit von 0,25 Ketchup und Mayonnaise. Betrachten Sie das Ereignis „nimmt Mayonnaise" als Bernoulli-Experiment. Ergänzen Sie.

A: ________________ ; $\overline{A}$: ________________ ; p = ________________ ; q = ________

2 Bei neu zugelassenen Fahrzeugen sind die Farben nach den folgenden Wahrscheinlichkeiten verteilt: 29,6 % silber-grau, 29,2 % schwarz, 16,4 % weiß, 8,2 % blau, 6,5 % braun, 5,7 % rot, 1,5 % gelb und 2,9 % sonstige. Blau, rot, gelb und die sonstigen Farben gelten als „bunte Farben".
Bei einem Spiel auf einer Autobahnfahrt gewinnt Paul, wenn ein buntes Auto als nächstes kommt. Bestimmen Sie die Wahrscheinlichkeiten für Treffer und Niete.

____

Wenn dasselbe Bernoulli-Experiment n-mal hintereinander ausgeführt wird, dann spricht man von einer **Bernoulli-Kette der Länge n**. Auf jeder Stufe sind die Wahrscheinlichkeiten dieselben.

Beim Würfeln wird das Ereignis A: „Augenzahl größer als 4" betrachtet und sein Eintreten als Treffer definiert. Es wird dreimal gewürfelt.

$p = \frac{1}{3}$; $q = \frac{2}{3}$

Wie groß ist die Wahrscheinlichkeit für genau zwei Treffer?

Die Wahrscheinlichkeit für zwei Treffer ist

$P(2\ \text{Treffer}) = 3 \cdot \frac{2}{27} = \frac{6}{27} = \frac{2}{9}$.

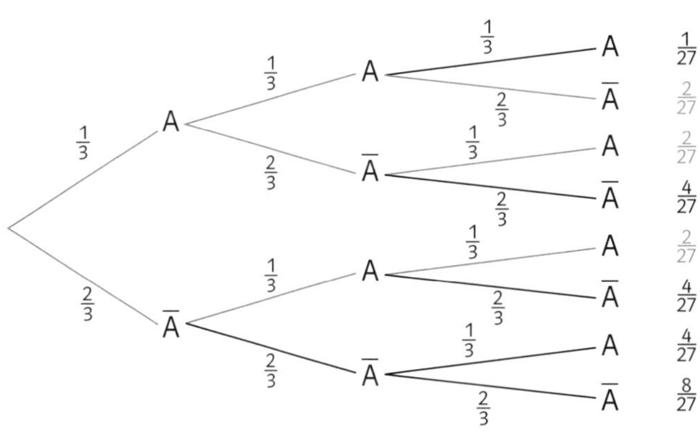

3 Eine Münze wird dreimal geworfen. Dabei wird vereinbart, dass ein Spieler bei mindestens zweimal Zahl 1 € bekommt, sonst muss er 0,50 € bezahlen.
a) Modellieren Sie das Spiel als Bernoulli-Kette dreier unabhängiger Münzwürfe (Baumdiagramm).
b) Bestimmen Sie die Wahrscheinlichkeit dafür, dass der Spieler 1 € gewinnt.

4 Handelt es sich bei dem Zufallsexperiment um eine Bernoulli-Kette?

	ja	nein
a) Fünffaches Werfen einer zerbeulten Münze.	☐	☐
b) Das Werfen von fünf verschieden verbeulten Münzen hintereinander.	☐	☐
c) Ziehen von fünf Namenskarten aus einer Lostrommel mit Zurücklegen der Karten.	☐	☐
d) Fünffaches Setzen auf Rot beim Roulette spielen.	☐	☐
e) Ziehen von fünf Namenskarten aus einer Lostrommel ohne Zurücklegen der Karte.	☐	☐

Binomialverteilung – kumulierte Wahrscheinlichkeit (1)

Bei einer Bernoulli-Kette gibt es n Durchführungen eines Bernoulli Experimentes. Die Wahrscheinlichkeit für k Treffer ist gesucht. Jeder Pfad, der das Ereignis „k Treffer“ realisiert, hat die Wahrscheinlichkeit $p^k \cdot q^{n-k}$.

Für die Verteilung der k Treffer auf die n Versuchsdurchführungen gibt es $\binom{n}{k}$ Kombinationen, d.h. es gibt $\binom{n}{k}$ Pfade, bei denen das Ereignis „k Treffer“ eintritt. Deren Wahrscheinlichkeiten müssen addiert werden. Also ist die Wahrscheinlichkeit für k Treffer bei n Versuchsdurchführungen

$P(X = k) = \binom{n}{k} \cdot p^k \cdot q^{n-k}$.

Statt $P(X = k)$ schreibt man auch $B_{n;\,p}(k)$ und nennt die zugehörige Wahrscheinlichkeitsverteilung **Binomialverteilung**.

Beispiel:
Angenommen, dass 30 % der Urlauber Zigaretten schmuggeln, wie groß ist die Wahrscheinlichkeit,
a) unter 40 überprüften Touristen genau acht Schmuggler zu erwischen?
b) unter 20 überprüften Touristen mindestens vier und höchstens sechs Schmuggler zu erwischen?
c) unter 20 überprüften Touristen mindestens einen Schmuggler zu erwischen?

Lösung
Die Wahrscheinlichkeit p für einen Treffer ist 0,3.

a) $n = 40;\ B_{40;\,0,3}(8) = \binom{40}{8} \cdot 0{,}3^8 \cdot 0{,}7^{32} \approx 0{,}056$

b) $n = 20;\ P(4 \le X \le 6) = B_{20;\,0,3}(4) + B_{20;\,0,3}(5) + B_{20;\,0,3}(6)$
$= \binom{20}{4} \cdot 0{,}3^4 \cdot 0{,}7^{16} + \binom{20}{5} \cdot 0{,}3^5 \cdot 0{,}7^{15} + \binom{20}{6} \cdot 0{,}3^6 \cdot 0{,}7^{14}$
$\approx 0{,}501$

c) $n = 20;$
$P(1 \le X) = 1 - P(X = 0) = 1 - \binom{20}{0} \cdot 0{,}3^0 \cdot 0{,}7^{20} \approx 0{,}999$

1 Berechnen Sie die Wahrscheinlichkeiten. X ist mit den angegebenen Parametern binomialverteilt.

a) $B_{100;\,0,6}(68)$ ____________ b) $B_{10;\,0,2}(2)$ ____________ c) $B_{100;\,0,19}(15)$ ____________

d) $B_{50;\,0,25}(12)$ ____________ e) $P(2 \le X \le 4);\ n = 16,\ p = 0{,}3$ ____________

2 Langfristige Studien haben gezeigt, dass ein Medikament mit einer Wahrscheinlichkeit von 80 % wirkt. Bestimmen Sie die Wahrscheinlichkeit dafür, dass von 7 behandelten Patienten genau 6 gesund werden.

n = ______; k = ______; p = ______; q = ______; $B_{\_;\,\_}(\_) = \binom{\_}{\_} \cdot \_^{\_} \cdot \_^{\_} =$ ______

3 Ein Sportschütze trifft mit einer Wahrscheinlichkeit von 0,6 sein Ziel. Er schießt fünfmal.

a) Bestimmen Sie die Wahrscheinlichkeit für genau 3 Treffer. ____________

b) Bestimmen Sie die Wahrscheinlichkeit für genau 2 Nieten. ____________

c) Vergleichen Sie die Ergebnisse von a) und b). Finden Sie eine Erklärung. ____________

4 Multiple-Choice-Tests werden für einfache Leistungsüberprüfungen verwendet. In nebenstehendem Test gibt es fünf Fragen mit jeweils vier Antwortmöglichkeiten, von denen eine richtig ist.
Die Note „ausreichend“ wird erteilt, wenn zwei Antworten richtig sind. Die Note „befriedigend“ gibt es für drei richtige Antworten, bei vier richtigen gibt es ein „gut“ und bei fünf richtigen ein „sehr gut“.
Kreuzen Sie wahllos an.
Mit welcher Wahrscheinlichkeit werden Sie
a) die Note „sehr gut“ bekommen?
b) die Note „gut“ bekommen?
c) die Note „befriedigend“ bekommen?
d) die Note „ausreichend“ bekommen?
e) nicht bestehen, also weniger als zwei Antworten richtig haben?

1. Was ist ein Oxer?
A) Ein Hindernis beim Springreiten.
B) Ein Gerät beim Kunstturnen.
C) Ein kastrierter Stier.
D) Eine Luft-Wasser-Wärmepumpe.

2. Was erwarten Sie, wenn jemand Probleme mit der Insalivation hat?
A) Er ist überschuldet.
B) Er hat eine Ausdauerschwäche.
C) Er hat einen trockenen Mund.
D) Er ist faul.

3. Wo findet die Reservage Anwendung?
A) Beim Reiseveranstalter bei der vorläufigen Buchung.
B) Beim Textildruck zur Vermeidung von Farbaufnahme.
C) Beim Autofahren (Reservekanister).
D) Bei der Abgrenzung zweier Wildgehege voneinander.

4. Wann findet eine Inauguration statt?
A) Bei der Thronbesteigung.
B) Wenn jemand eine Eingebung hat.
C) Beim Verhör eines Straftatverdächtigen.
D) Bei der Verleihung eines akademischen Grades.

5. Was ist ein Hexameron?
A) Ein unbemanntes Raumfahrzeug.
B) Das Sechstagewerk der Schöpfung.
C) Ein Reimschema.
D) Das Sechser-Zahlensystem.

Für die Berechnungen bei binomialverteilten Zufallsgrößen muss häufig die Wahrscheinlichkeit für einen Bereich der Anzahl der Treffer berechnet werden. Die Zufallsgröße X zählt die Anzahl der Treffer.
„Mehr als 5" bedeutet $P(5 < X \le n)$.
„Mindestens 5" bedeutet $P(5 \le X \le n)$.
„Weniger als 5" bedeutet $P(X < 5)$.
„Höchstens 5" bedeutet $P(X \le 5)$.
„Mindestens 5 und weniger als 8": $P(5 \le X < 8)$.

Es werden **aufsummierte,** d.h. *kumulierte* **Wahrscheinlichkeiten** benötigt. Statt $B_{n;p}(0 \le k \le X)$ wird auch $F_{n;p}(X)$ verwendet.

Bei größeren Bereichen sind umfangreiche Rechnungen notwendig. Dafür gibt es Hilfsmittel, v.a. Tabellenkalkulationsprogramme und Taschenrechner.

Mit dem **Taschenrechner** werden die Wahrscheinlichkeiten binomialverteilter Zufallsgrößen für Einzelwerte mit der Funktion für $B_{n;p}$ und für von 0 bis X aufsummierte Werte mit der Funktion für $F_{n;p}$ berechnet.

Beispiel:
Bestimmen Sie die Wahrscheinlichkeit für mindestens zwei und höchstens vier Treffer, wenn p = 0,4 und n = 10 ist.
$P(2 \le X \le 4) = B_{10;0,4}(2 \le X \le 4)$

Im Taschenrechner gibt es eine Funktion für die Berechnung einzelner Werte, z.B. Binomialpdf oder Binomial PD, und eine weitere Funktion für die Berechnung der aufsummierten (kumulierten) Wahrscheinlichkeiten, z.B. Binomialcdf oder Binomial CD.
Mithilfe der Funktion für die kumulierten Werte lässt sich dann

$$F_{10;0,4}(2 \le X \le 4) = F_{10;0,4}(4) - F_{10;0,4}(1) = 0{,}6331 - 0{,}0464 = 0{,}5867$$

berechnen.

Mit dem Taschenrechner lassen sich oft auch Tabellen mit den Einzelwerten $B_{n;p}(k)$ oder mit den kumulierten Wahrscheinlichkeiten $F_{n;p}(k)$ erstellen.

Mit **Tabellenkalkulationsprogrammen** lauten die Funktionen
= BINOMVERT(4;10;0,4;0) (Einzelwert)
= BINOMVERT(4;10;0,4;1) (kumuliert)

5 Berechnen Sie die folgenden Wahrscheinlichkeiten.

a) n = 100; p = 0,4
$P(32 < X < 41)$ = ____________

b) n = 10; p = 0,2
$P(2 \le X < 4)$ = ____________

c) n = 25; p = 0,05
$P(X < 2)$ = ____________

6 Jeder Patient ruft mit einer Wahrscheinlichkeit von 40 % die Nachtschwester. Wie groß ist die Wahrscheinlichkeit dafür, dass von den 25 Patienten mindestens 4 und höchstens 9 die Nachtschwester rufen?

Festlegung der Parameter: n = ____________; p = ____________; q = ____________;

P(____ ☐ X ☐ ____) = P(X ≤ ____) − P(X ≤ ____) = F__;__(____) − F__;__(____) = ____________

7 Eine Münze wird 100-mal geworfen. Die Zufallsgröße X zählt die Anzahl der geworfenen Wappen.

Damit sind n = ____________, p = ____________ und q = ____________. Ergänzen Sie die Tabelle.

Ereignis E	P(E)	Berechnung	Wahrscheinlichkeit
Mindestens 40 und höchstens 55 Wappen	$P(40 \le X \le 55)$	$P(X \le 55) - P(X \le 39)$	0,864 − 0,018 = 0,846
Mehr als 40 Wappen			
	$P(40 \le X < 61)$		
		$1 - P(X \le 29)$	
Höchstens 50 Wappen			

8 Paul behauptet: „Bei einer binomialverteilten Zufallsgröße hat $B_{n;p}(0)$ immer den Wert null."
Was halten Sie von Pauls Behauptung? Nehmen Sie begründet Stellung.

9 Der Anteil der Zigarettensorte A unter allen verkauften Zigaretten liegt in Deutschland bei ca. 30 %. 50 Raucher werden befragt. Rechnen Sie nach und ordnen Sie die Wahrscheinlichkeiten den angegebenen Anzahlen der Raucher der Sorte A zu.

mehr als 10 und weniger als 17	mindestens 13	weniger als 20	mehr als 15	mindestens 12 und höchstens 14	
P(E) ≈ 0,952	P(E) ≈ 0,915	P(E) ≈ 0,431	P(E) ≈ 0,308	P(E) ≈ 0,605	P(E) ≈ 0,777

10 Mit einer Wahrscheinlichkeit von 60 % trifft man bei einem Hausbesuch vormittags jemanden an der Tür an. Ein Vertreter besucht 100 Haushalte.

a) Mit welcher Wahrscheinlichkeit trifft er an genau 60 Türen jemanden an? ______

b) Mit welcher Wahrscheinlichkeit trifft er an mehr als 50 Türen jemanden an? ______

c) Mit welcher Wahrscheinlichkeit trifft er an mindestens 50 und höchstens 65 Türen jemanden an? ______

11 In einem Kindergarten verbreitet sich ein Erkältungsvirus. Mit einer Wahrscheinlichkeit von 10 % wird ein Kind infiziert. Insgesamt sind 25 Kinder in der Gruppe.
Prüfen Sie die Aussagen. Wahr oder falsch?

	wahr	falsch
a) E: „Nur ein weiteres Kind bekommt die Erkältung"; P(E) ≈ 0,1	☐	☐
b) E: „Mehr als 10 weitere Kinder bekommen die Erkältung"; P(E) ≈ 0,000	☐	☐
c) E: „Höchstens 10 weitere Kinder werden infiziert"; P(E) ≈ 0,912	☐	☐
d) E: „Mindestens 6 und höchstens 15 weitere Kinder werden infiziert"; P(E) ≈ 0,028	☐	☐

12 Die Schülerfirma „Schlemmerparadies" bereitet an einer Schule Essen zu. Von den 100 Lehrern nutzen dieses Angebot durchschnittlich 30 %. Mit welcher Wahrscheinlichkeit gilt an einem Tag:

a) Mehr als 50 Lehrer möchten essen. ______

b) Weniger als 20 Lehrer möchten essen. ______

c) Mehr als 25 und höchstens 37 Lehrer möchten essen. ______

d) 40 vorbereitete Essen reichen nicht aus. ______

13 Herr Müller muss jeden Morgen auf dem Weg zur Arbeit einen Bahnübergang passieren. Die Schranke ist mit einer Wahrscheinlichkeit von 25 % geschlossen. Berechnen Sie die Wahrscheinlichkeit, dass er innerhalb eines Monats mit 20 Arbeitstagen morgens an der Schranke

a) genau fünfmal warten muss, ______

b) höchstens fünfmal warten muss, ______

c) mindestens achtmal warten muss, ______

d) weniger als sechsmal warten muss, ______

e) mehr als zehnmal warten muss, ______

f) nie warten muss, ______

g) mindestens fünf- und höchstens zwölfmal warten muss, ______

h) weniger als zehnmal und mehr als sechsmal warten muss. ______

14 Ordnen Sie zu.

A) $P(8 \le X \le 11)$; $n = 11$; $p = 0{,}5$	B) $P(10 \le X)$; $n = 20$; $p = 0{,}5$	C) $P(8 < X < 10)$; $n = 38$; $p = 0{,}2$	D) $P(8 \le X \le 10)$; $n = 38$; $p = 0{,}15$
a) $1 - P(X \le 9)$	b) $P(X \le 9) - P(X \le 8)$	c) $P(X \le 10) - P(X \le 7)$	d) $1 - P(X \le 7)$
I) mind. 8; höchst. 10	II) mehr als 9	III) mehr als 8; weniger als 10	IV) mind. 8; höchst. 11

Bei der Berechnung von Wahrscheinlichkeiten einer binomialverteilten Zufallsgröße gehen drei Werte ein: die Anzahl n, die Trefferwahrscheinlichkeit p und die Anzahl der Treffer k.
Es lassen sich **vier Typen von Problemstellungen** bearbeiten:

1) gegeben: n, p, k — gesucht: Wahrscheinlichkeit
2) gegeben: p, k, Wahrscheinlichkeit — gesucht: n
3) gegeben: n, k, Wahrscheinlichkeit — gesucht: p
4) gegeben: n, p, Wahrscheinlichkeit — gesucht: k

Typ	Problemstellung	Lösung	
1	Ein Hersteller von Gummibärchen produziert zu 28 % rote. Wie groß ist die Wahrscheinlichkeit, dass in einer Tüte mit 143 Gummibärchen mindestens 40 rote sind?	$n = 143,\ p = 0{,}28,\ k = 40$ $P(X \geq 40) = 1 - P(X \leq 39) \approx 1 - 0{,}465 = 0{,}535$.	Der Wert für $P(X \leq 39)$ lässt sich direkt mit dem Rechner berechnen.
2	Ein Hersteller von Gummibärchen produziert zu 28 % rote. Marlene isst mit geschlossenen Augen aus einer großen Box ein Gummibärchen nach dem anderen. Wie viele muss sie mindestens entnehmen, damit sie mit einer Wahrscheinlichkeit von mindestens 85 % mindestens vier rote bekommt?	$p = 0{,}28,\ k = 4$, Wahrscheinlichkeit: 85 %. Es muss gelten $P(X \geq 4) \geq 0{,}85$. Dies entspricht $P(X \leq 3) \leq 0{,}15$. Mit dem Rechner bestimmt man $P(X \leq 3)$ für verschiedene n (vgl. Tabelle). Marlene muss mindestens 20 Gummibärchen entnehmen, damit sie mit mindestens 85 % Wahrscheinlichkeit mindestens 4 rote bekommt.	n | $P(X \leq 3)$ 18 | 0,2140 19 | 0,0178 20 | 0,1466 21 | 0,1202
3	Ein Hersteller von Gummibärchen verkauft diese in Tüten zu 143 Stück. Wie hoch muss der Anteil der roten Gummibärchen in der Produktion sein, damit in einer Tüte mit einer Wahrscheinlichkeit von 80 % mindestens 40 rote sind? Geben Sie den Wert auf 2 Nachkommastellen gerundet an.	$n = 143,\ k = 40$, Wahrscheinlichkeit: 80 %. Es muss gelten $P(X \geq 40) = 0{,}8$. Dies entspricht $P(X \leq 39) = 0{,}2$. Mit dem Rechner bestimmt man $P(X \leq 39)$ für verschiedene P (vgl. Tabelle). Der gesuchte Wert ist zwischen 0,305 und 0,310 auf 2 Stellen gerundet also 0,31. Es müssen zu ca. 31 % rote Gummibärchen produziert werden.	p | $P(X \leq 39)$ 0,325 | 0,1053 0,320 | 0,1302 0,315 | 0,1591 0,310 | 0,1920 0,305 | 0,2290
4	Ein Hersteller von Gummibärchen produziert zu 28 % rote und verkauft die Gummibärchen in Tüten zu 143 Stück. Wie groß muss k mindestens sein, damit mit einer Wahrscheinlichkeit von mindestens 90 % höchstens k rote Gummibärchen in einer Tüte sind?	$n = 143,\ p = 0{,}28$, Wahrscheinlichkeit: 90 %. Es muss gelten $P(X \leq k) \geq 0{,}9$. Mit dem Rechner bestimmt man $P(X \leq k)$ für verschiedene k (vgl. Tabelle). Wenn k mindestens 47 ist, befinden sich mit einer Wahrscheinlichkeit von mindestens 90 % höchstens k rote Gummibärchen in einer Tüte.	k | $P(X \leq k)$ 45 | 0,854 46 | 0,885 47 | 0,916 48 | 0,940

1 Die Zufallsgröße X ist binomialverteilt mit $p = 0{,}6$. Bestimmen Sie mithilfe der Tabelle, wie groß der Parameter n mindestens sein muss, damit gilt:
a) $P(X \leq 14) \leq 0{,}1$ b) $P(X \leq 14) \leq 0{,}08$ c) $P(X \geq 15) \geq 0{,}85$

n	$P(X \leq 14)$
28	0,187
29	0,136
30	0,097
31	0,068

2 Die Zufallsgröße X ist binomialverteilt mit $n = 50$. Bestimmen Sie mithilfe der Tabelle den Parameter p auf zwei Nachkommastellen gerundet, sodass gilt:
a) $P(X \leq 24) = 0{,}9$ b) $P(X \leq 24) = 0{,}85$ c) $P(X \geq 25) = 0{,}12$

p	$P(X \leq 24)$
0,400	0,902
0,405	0,889
0,410	0,875
0,415	0,859
0,420	0,842

3 Die Zufallsgröße X ist binomialverteilt mit $n = 30$ und $p = 0{,}2$. Bestimmen Sie mithilfe der Tabelle, wie groß der Parameter k mindestens sein muss, damit
a) $P(X \le k) \ge 0{,}5$ b) $P(X \le k) \ge 0{,}8$ c) $P(X \le k) \ge 0{,}75$

k	$P(X \le k)$
5	0,428
6	0,607
7	0,761
8	0,871

4 Die Zufallsgröße X ist binomialverteilt. Es ist $p = \frac{1}{3}$. Bestimmen Sie, wie groß der Parameter n mindestens sein muss, damit man mit einer Wahrscheinlichkeit von mindestens 90 % mindestens 10 Treffer erhält.

n	$P(X \le$ ____ $)$

Es soll gelten $P(X \ge$ ____________ $) = 1 -$ ____________ $\ge$ ____________.

Dies entspricht $P(X \le$ ____________ $)$ ____.

Mithilfe der Tabelle ergibt sich die Mindestzahl $n =$ ____________.

5 Zu welchem der obigen Typen von Problemstellungen gehören die folgenden Aufgaben?

Aufgabe	Typ
Eine Urne enthält fünf rote und drei weiße Kugeln. Wie oft muss man ziehen, um mit einer Wahrscheinlichkeit von mindestens 90 % mindestens 5 weiße Kugeln zu ziehen?	
Ein Medikament gegen eine bestimmte Krankheit wirkt bei 78 % der Patienten. Es werden 1000 Erkrankte behandelt. Wie groß ist die Wahrscheinlichkeit, dass das Medikament bei weniger als 500 von ihnen wirkt?	
Wie oft muss man eine Münze werfen, um mit mindestens 99 % Wahrscheinlichkeit mindestens einmal Zahl zu werfen?	
Wie hoch muss die Trefferquote eines Elfmeterschützen sein, um bei 10 Elfmetern mit mindestens 90 % Wahrscheinlichkeit mindestens 5 zu verwandeln?	
Bei einem Multiple-Choice-Test gibt es zu jeder der 20 Fragen drei Antwortmöglichkeiten, von denen genau eine richtig ist. Jemand, der nur rät, soll mit einer Wahrscheinlichkeit von höchstens 5 % den Test bestehen. Wie viele richtige Antworten muss man zum Bestehen fordern?	
Wie hoch ist die Wahrscheinlichkeit, dass man mindestens fünfmal eine Sechs würfelt, wenn man 40-mal würfelt?	
Wie hoch muss die Wahrscheinlichkeit sein, dass in einer Auster eine Perle ist, um mit einer Wahrscheinlichkeit von 80 % in 500 Austern eine Perle zu finden?	
Bei der Oberbürgermeisterwahl in einer Stadt beträgt die Wahlbeteiligung 63,8 %. Wie viele Wahlberechtigte muss man zufällig auswählen, um mehr als zehn Nichtwähler zu erhalten?	

6 In Deutschland ist die Blutgruppe A am häufigsten. Etwa 44 % der Bevölkerung haben sie.
Wie viele Menschen muss man zufällig auswählen, um mit einer Wahrscheinlichkeit von mindestens 90 % mindestens 18 mit Blutgruppe A zu erhalten?
Die Zufallsgröße X zählt, wie viele Blutgruppe A haben. Sie ist binomialverteilt mit $p =$ ____________;

n ist gesucht. Es soll gelten $P(X \ge$ ____________ $) = 1 - P(X \le$ ____________ $) \ge$ ____________.

Dies entspricht $P(X \le$ ____________ $) \le$ ____________.

Mithilfe der Tabelle ergibt sich die Mindestzahl $n =$ ____________.

Also muss man mindestens ____________ Menschen zufällig auswählen, um mit einer Wahrscheinlichkeit von mindestens 90 % mindestens 18 mit Blutgruppe A zu erhalten.

n	$P(X \le$ ____ $)$

7 Von den Schülerinnen und Schülern der 10. Klasse einer Schule lernen 40 % Spanisch. Es wird zufällig eine Gruppe von Schülerinnen und Schülern ausgewählt. Wie groß muss diese Gruppe sein, damit mit einer Wahrscheinlichkeit von mindestens 90 % mindestens fünf darunter Spanisch lernen?

8 Ein Basketballspieler hat bei Freiwürfen eine Trefferwahrscheinlichkeit von 80%.
a) Bestimmen Sie die Wahrscheinlichkeit, dass der Spieler bei zehn Freiwürfen mindestens achtmal trifft.

Die Zufallsgröße X zählt die Treffer. X ist binomialverteilt mit $n =$ ______ und $p =$ ______.

Es ist $P(X \geq$ ______ $) = 1 - P(X \leq$ ______ $) \approx$ ______.
Die Wahrscheinlichkeit, bei zehn Freiwürfen mindestens achtmal zu treffen, beträgt ca. ______ %.

b) Bestimmen Sie die Wahrscheinlichkeit, dass der Spieler bei zehn Freiwürfen mindestens achtmal trifft, wenn seine Trefferwahrscheinlichkeit 85% beträgt. Die Zufallsgröße Y zählt die Treffer. Y ist binomialverteilt

mit $n =$ ______ und $p =$ ______. Es ist $P(Y \geq$ ______ $) = 1 - P(Y \leq$ ______ $) \approx$ ______.

Die Wahrscheinlichkeit, bei zehn Freiwürfen mindestens achtmal zu treffen, beträgt ca. ______ %.

c) Welche Trefferwahrscheinlichkeit müsste der Spieler haben, um mit 80 % Wahrscheinlichkeit bei zehn Freiwürfen mindestens achtmal zu treffen?

Die Zufallsgröße Z zählt die Treffer. Z ist binomialverteilt mit $n =$ ______; p ist gesucht.

Es soll gelten $P(Z \geq$ ______ $) = 1 -$ ______ $\geq$ ______.

Dies entspricht $P($ ______ $) \leq$ ______.

Mithilfe der Tabelle ergibt sich, dass p zwischen ______ und ______ liegt.

Also ist p auf zwei Nachkommastellen gerundet ______.

Also müsste der Spieler eine Trefferwahrscheinlichkeit von ______ % haben.

n	$P(Z \leq$ ___ $)$

9 Bei einem Multiple-Choice-Test sind 30 Fragen zu beantworten. Zu jeder gibt es vier Antwortmöglichkeiten, von denen jeweils eine richtig ist.
a) Eine Person nimmt am Test teil und kreuzt bei jeder Frage zufällig eine Antwort an. Bestimmen Sie die Wahrscheinlichkeit, dass mindestens zehn Antworten richtig sind.

X zählt die richtigen Antworten. X ist binomialverteilt mit $n =$ ______ und $p =$ ______.

Es ist $P(X \geq$ ______ $) = 1 -$ ______ $\approx$ ______.

Die Wahrscheinlichkeit, mindestens 10 Antworten richtig zu haben, beträgt ca. ______ %.

b) Die Wahrscheinlichkeit, dass jemand, der nur zufällig Antworten ankreuzt, den Test besteht, soll höchstens 5% betragen. Wie viele richtige Antworten müssen dann für das Bestehen mindestens gefordert werden?

Y zählt die richtigen Antworten. Y ist binomialverteilt mit $n =$ ______ und $p =$ ______.

Es ist die kleinste Zahl k gesucht mit ______.

Wegen $P(Y \geq k) = 1 - P(Y \leq k - 1)$ muss also $P(Y \leq k - 1) \geq$ ______ sein.

Aus der Tabelle ergibt sich $k - 1 =$ ______. Also ist $k =$ ______.

Es müssen für das Bestehen mindestens ______ richtige Antworten gefordert werden.

$k - 1$	$P(Y \leq k - 1)$

10 In einer Vogelkolonie auf einer Nordseeinsel leben 8000 Möwen. Ein Wissenschaftlerteam fängt 100 von ihnen und versieht jede mit einem Markierungsring.
a) Ein halbes Jahr später werden wiederum 100 Vögel dieser Kolonie gefangen. Mit welcher Wahrscheinlichkeit haben mindestens fünf von ihnen einen Ring?
b) Wie viele Vögel muss man fangen, um mit mindestens 80% Wahrscheinlichkeit mindestens fünf mit Ring zu erhalten?
c) Wie viele Vögel hätte das Wissenschaftlerteam mit einem Ring versehen müssen, damit unter 200 Vögeln mit mindestens 80% Wahrscheinlichkeit mindestens fünf einen Ring tragen?

Bei einer binomialverteilten Zufallsgröße X ist bei n Versuchsdurchführungen und der Trefferwahrscheinlichkeit p der **Erwartungswert** μ einfach zu berechnen.

$\mu = n \cdot p$

Für die **Standardabweichung** σ gilt:

$\sigma = \sqrt{n \cdot p \cdot (1-p)} = \sqrt{n \cdot p \cdot q}$

An den Grafiken lassen sich zwei Beobachtungen machen, die immer gelten:

1. Der Erwartungswert liegt da, wo die höchsten Säulen sind.
2. Die Standardabweichung ist bei verschiedenen Werten für p unterschiedlich groß:

Bei $p = 0{,}5$ ist die Streuung größer als bei $p = 0{,}2$.

$n = 25;\ p = 0{,}5;$
$\mu = 25 \cdot 0{,}5 = 12{,}5;$
$\sigma = \sqrt{25 \cdot 0{,}5 \cdot 0{,}5} = 2{,}5$

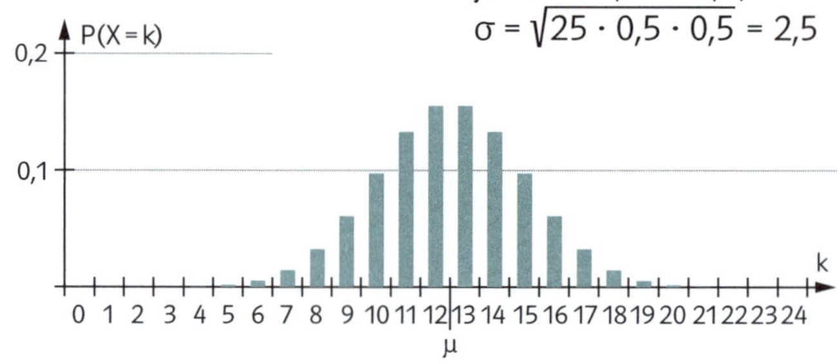

$n = 25;\ p = 0{,}2;$
$\mu = 25 \cdot 0{,}2 = 5;$
$\sigma = \sqrt{25 \cdot 0{,}2 \cdot 0{,}8} = 2$

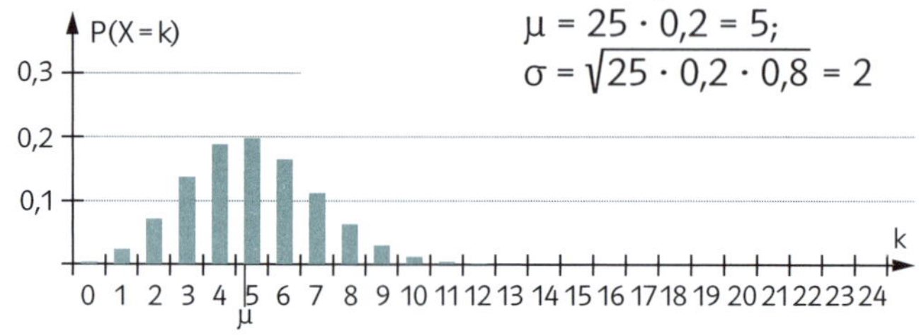

1 Ermitteln Sie für die Binomialverteilungen mit den folgenden Kenngrößen jeweils den Erwartungswert und die Standardabweichung.

a) $n = 100;\ p = 0{,}3$ b) $n = 100;\ p = 0{,}4$ c) $n = 100;\ p = 0{,}5$ d) $n = 50;\ p = 0{,}3$

2 Aus Untersuchungen weiß man, dass ca. 20 % der 4-jährigen Kinder nicht in der Lage sind, eine Rolle vorwärts zu machen. In einem Kindergarten sind 75 Kinder im Alter von 4 Jahren. Bei wie vielen Kindern ist zu erwarten, dass sie keine Rolle vorwärts können? Wie groß ist die Standardabweichung?

3 Im Jahr 2004 erfolgten 27 % aller Geburten per Kaiserschnitt. Bestimmen Sie den Erwartungswert und die Standardabweichung für die Anzahl der Kaiserschnittgeburten in einer Klinik mit 700 Geburten pro Jahr.

4 Die Abbildungen zeigen Graphen von Binomialverteilungen mit den Parametern n, p und den Kenngrößen Erwartungswert μ sowie Varianz V. Ermitteln Sie die jeweils fehlenden Werte.

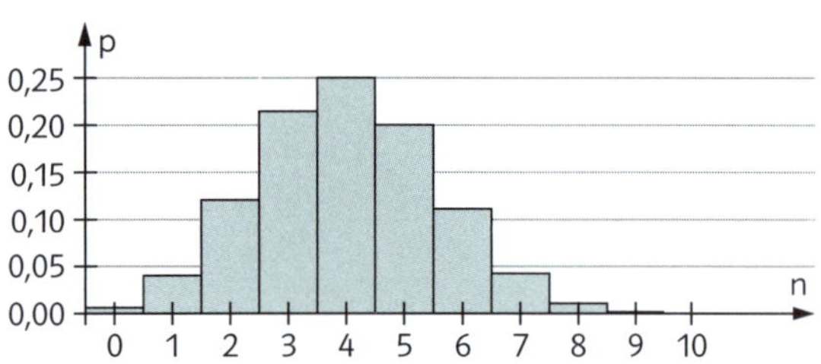

$\mu = 4;\ p = 0{,}4$ n = ________; V = ________

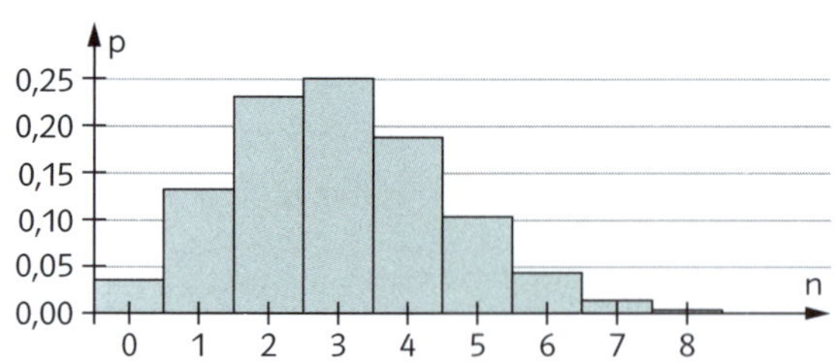

$n = 15;\ p = 0{,}2$ μ = ________; V = ________

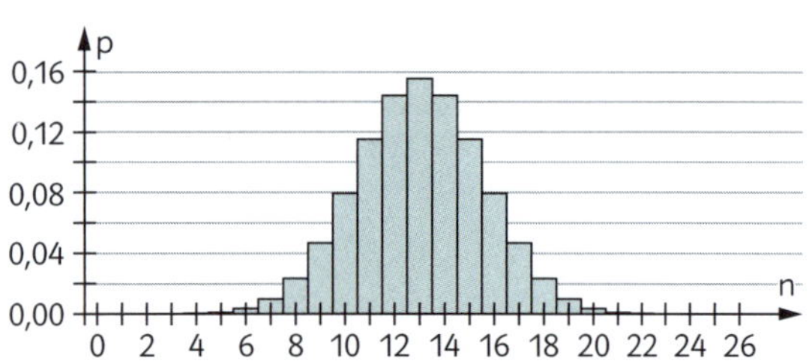

$V = 6{,}5$ μ = ________; p = ________; n = ________

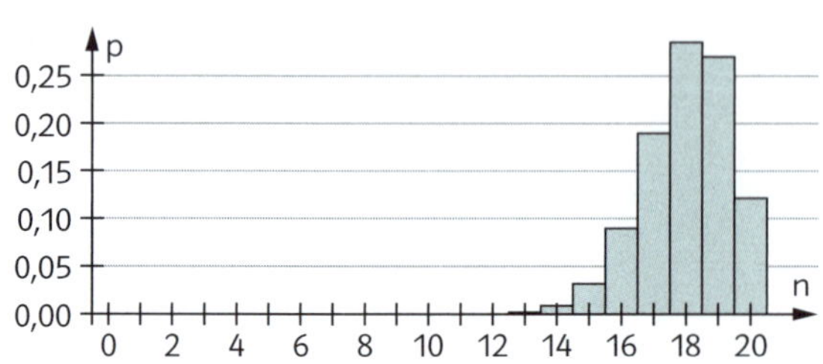

$n = 20$ μ = ________; p = ________; V = ________

1 Ist der Zufallsversuch eine Bernoulli-Kette? Kreuzen Sie an.

	Bernoulli-Kette
a) Ein Würfel wird 100-mal geworfen. Es wird gezählt, wie oft eine Sechs geworfen wird.	☐
b) Ein gezinkter Würfel wird 100-mal geworfen. Es wird gezählt, wie oft eine Sechs geworfen wird.	☐
c) Ein Legostein wird 20-mal geworfen. Es wird gezählt, wie oft er auf der Seite landet.	☐
d) In einer Urne befinden sich acht rote und drei schwarze Kugeln. Es wird nacheinander eine Kugel gezogen (ohne Zurücklegen) und notiert, ob sie rot ist.	☐
e) Eine Glücksrad wird dreimal gedreht. Es wird gezählt, wie oft das blaue Feld erscheint.	☐
f) Ein Mathematik-Kurs besteht aus 11 Schülerinnen und 9 Schülern. Es werden 8 Personen nacheinander ausgewählt und ihr Geschlecht wird notiert.	☐
g) Es werden 1000 Bundesbürger befragt, ob sie für eine Pkw-Maut auf Autobahnen sind. Die Anzahl der Befürworter wird notiert.	☐

2 Berechnen Sie die folgenden Wahrscheinlichkeiten der binomialverteilten Zufallsgröße X.

a) $P(24 < X < 30)$; $n = 50$; $p=0{,}5$ b) $P(3 \le X < 6)$; $n = 10$; $p = 0{,}4$ c) $P(X < 10)$; $n = 30$; $p = 0{,}4$

3 Ein Smartphone-App produziert Zufallszahlen. Alina stellt es so ein, dass es 10 Zahlen von 1 bis 40 ausspuckt. Sie zählt die durch 3 teilbaren Zahlen.

a) Warum ist dies eine Bernoulli-Kette? Geben Sie die Länge und die Trefferwahrscheinlichkeit an.

b) Bestimmen Sie die folgenden Wahrscheinlichkeiten

$P(X = 0) =$ ______________ $P(X = 3) =$ ______________ $P(X = 5) =$ ______________

$P(X \le 3) =$ ______________ $P(X \ge 5) =$ ______________ $P(2 \le X \le 6) =$ ______________

4 Mit einer Wahrscheinlichkeit von $p = \frac{1}{6}$ ist in einer Süßigkeit mit Spielzeug ein Dinosaurier.

a) Mit welcher Wahrscheinlichkeit sind unter 60 Süßigkeiten genau zehn mit Dinosaurier?

b) Mit welcher Wahrscheinlichkeit sind unter 100 Süßigkeiten mindestens zwölf und höchstens 15 mit Dinosaurier?

5 Mit einer Wahrscheinlichkeit von 40 % erreicht man bei einem zufälligen Anruf vormittags jemanden zu Hause. Ein Call-Center-Mitarbeiter ruft 100 Telefonnummern an.

a) Mit welcher Wahrscheinlichkeit erreicht er genau 40 Personen?

b) Mit welcher Wahrscheinlichkeit erreicht er bei mehr als 30 Anrufen jemanden?

c) Mit welcher Wahrscheinlichkeit erreicht er bei mindestens 30 und höchstens 55 Anrufen jemanden?

6 Aus Erfahrung weiß ein Hersteller von Schrauben, dass 10 % nicht das richtige Maß haben. Es werden 300 Schrauben getestet.

a) Wie groß sind Erwartungswert und Standardabweichung für die Zahl der unbrauchbaren Schrauben?

b) Wie groß ist die Wahrscheinlichkeit, dass die Zahl der Schrauben mit dem falschem Maß im Intervall $[\mu - 2\sigma; \mu + 2\sigma]$ liegt?

7 In einem Unternehmen werden Sauerkirschen maschinell entsteint und dann in Gläser abgefüllt. 2 % der fertigen Kirschen haben trotzdem noch ihren Kern.

a) Herr Becker backt einen Kirschkuchen. Dafür nimmt er 100 dieser Kirschen. Wie groß ist die Wahrscheinlichkeit, dass sich in dem Kuchen mindestens ein Kirschkern befindet?

b) Wie viele Kirschkerne sind (im Mittel auf lange Sicht) in einem solchen Kuchen zu erwarten?

c) Wie viele Kirschen dürfte Herr Becker für seinen Kuchen höchstens nehmen, damit er mit mindestens 80 % Wahrscheinlichkeit keinen Kern darin hat?

d) Wie groß darf die Wahrscheinlichkeit, dass eine Kirsche noch ihren Kern hat, sein, damit sich mit mindestens 80 % Wahrscheinlichkeit in einem Kirschkuchen mit 100 Kirschen kein Kirschkern befindet?

Lambacher Schweizer

Mathematik für berufliche Gymnasien

Trainingsheft Vektorielle Geometrie und Stochastik

Lösungen zum Trainingsheft

I Geometrie

Geraden im Raum, Seite 3

1 $\vec{p} = \overrightarrow{OP} = \begin{pmatrix} 1 \\ 4 \\ 5 \end{pmatrix}$, $\vec{u} = \overrightarrow{PQ} = \vec{q} - \vec{p} = \begin{pmatrix} -2 \\ 3 \\ 0 \end{pmatrix} - \begin{pmatrix} 1 \\ 4 \\ 5 \end{pmatrix} = \begin{pmatrix} -3 \\ -1 \\ -5 \end{pmatrix}$,

$g: \vec{x} = \begin{pmatrix} 1 \\ 4 \\ 5 \end{pmatrix} + r \cdot \begin{pmatrix} -3 \\ -1 \\ -5 \end{pmatrix}$.

$\vec{q} = \overrightarrow{OQ} = \begin{pmatrix} -2 \\ 3 \\ 0 \end{pmatrix}$, $\vec{u} = \overrightarrow{QP} = \vec{p} - \vec{q} = \begin{pmatrix} 1 \\ 4 \\ 5 \end{pmatrix} - \begin{pmatrix} -2 \\ 3 \\ 0 \end{pmatrix} = \begin{pmatrix} 3 \\ 1 \\ 5 \end{pmatrix}$,

$g: \vec{x} = \begin{pmatrix} -2 \\ 3 \\ 0 \end{pmatrix} + s \cdot \begin{pmatrix} 3 \\ 1 \\ 5 \end{pmatrix}$.

2 Wie man an den Koordinaten von P und Q sieht, liegen die beiden nicht auf einer Geraden durch den Ursprung. Somit ist der Richtungsvektor falsch gewählt worden.
Entweder $\vec{p} - \vec{q}$ oder $\vec{q} - \vec{p}$.
Eine richtige Parametergleichung für $g: \vec{x} = \begin{pmatrix} 3 \\ 1 \\ -1 \end{pmatrix} + s \cdot \begin{pmatrix} -8 \\ -1 \\ -1 \end{pmatrix}$.

3 $g: \vec{x} = \begin{pmatrix} 2 \\ 6 \\ 3 \end{pmatrix} + t \cdot \begin{pmatrix} 1 \\ -3 \\ 4 \end{pmatrix}$.

a) $t = 1$; $\vec{a} = \begin{pmatrix} 2 \\ 6 \\ 3 \end{pmatrix} + 1 \cdot \begin{pmatrix} 1 \\ -3 \\ 4 \end{pmatrix} = \begin{pmatrix} 3 \\ 3 \\ 7 \end{pmatrix}$, also A(3 | 3 | 7)

b) $t = -4$; $\vec{b} = \begin{pmatrix} 2 \\ 6 \\ 3 \end{pmatrix} + (-4) \cdot \begin{pmatrix} 1 \\ -3 \\ 4 \end{pmatrix} = \begin{pmatrix} -2 \\ 18 \\ -13 \end{pmatrix}$, also B(−2 | 18 | −13)

c) $t = 0$; $\vec{c} = \begin{pmatrix} 2 \\ 6 \\ 3 \end{pmatrix} + 0 \cdot \begin{pmatrix} 1 \\ -3 \\ 4 \end{pmatrix} = \begin{pmatrix} 2 \\ 6 \\ 3 \end{pmatrix}$, also C(2 | 6 | 3).

4 Punktprobe für A: $\begin{pmatrix} 3 \\ 6 \\ 14 \end{pmatrix} = \begin{pmatrix} -1 \\ 4 \\ 8 \end{pmatrix} + s \cdot \begin{pmatrix} 2 \\ 1 \\ 3 \end{pmatrix}$, $\begin{matrix} s = 2 \\ s = 2, \\ s = 2 \end{matrix}$ also $A \in g$.

$\begin{pmatrix} 3 \\ 6 \\ 14 \end{pmatrix} = \begin{pmatrix} 2 \\ 1 \\ 9 \end{pmatrix} + t \cdot \begin{pmatrix} 1 \\ 0 \\ -3 \end{pmatrix}$, $\begin{matrix} t = 1 \\ 6 = 1 \\ t = -\frac{5}{3} \end{matrix}$, also $A \notin h$.

Punktprobe für B: $\begin{pmatrix} 0 \\ 1 \\ 15 \end{pmatrix} = \begin{pmatrix} -1 \\ 4 \\ 8 \end{pmatrix} + s \cdot \begin{pmatrix} 2 \\ 1 \\ 3 \end{pmatrix}$, $\begin{matrix} s = \frac{1}{2} \\ s = -3, \\ s = \frac{7}{3} \end{matrix}$ also $B \notin g$.

$\begin{pmatrix} 0 \\ 1 \\ 15 \end{pmatrix} = \begin{pmatrix} 2 \\ 1 \\ 9 \end{pmatrix} + t \cdot \begin{pmatrix} 1 \\ 0 \\ -3 \end{pmatrix}$, $\begin{matrix} t = -2 \\ 0 = 0 \\ t = -2 \end{matrix}$, also $B \in h$.

Punktprobe für C: $\begin{pmatrix} -1 \\ 0 \\ 3 \end{pmatrix} = \begin{pmatrix} -1 \\ 4 \\ 8 \end{pmatrix} + s \cdot \begin{pmatrix} 2 \\ 1 \\ 3 \end{pmatrix}$, $\begin{matrix} s = 0 \\ s = -4, \\ s = -\frac{5}{3} \end{matrix}$ also $C \notin g$.

$\begin{pmatrix} -1 \\ 0 \\ 3 \end{pmatrix} = \begin{pmatrix} 2 \\ 1 \\ 9 \end{pmatrix} + t \cdot \begin{pmatrix} 1 \\ 0 \\ -3 \end{pmatrix}$, $\begin{matrix} t = -3 \\ -1 = 0 \\ t = 2 \end{matrix}$, also $C \notin h$.

5 a) $A(x_1 | x_2 | 0)$

$\begin{pmatrix} x_1 \\ x_2 \\ 0 \end{pmatrix} = \begin{pmatrix} 2 \\ -3 \\ -1 \end{pmatrix} + t \cdot \begin{pmatrix} 3 \\ 0 \\ 2 \end{pmatrix}$ $\quad t = 0{,}5$

$x_1 = 2 + 0{,}5 \cdot 3 = 3{,}5$
$x_2 = -3 + 0{,}5 \cdot 0 = -3$, also A(3,5 | −3 | 0)

b) $B(x_1 | 0 | x_3)$

$\begin{pmatrix} x_1 \\ 0 \\ x_3 \end{pmatrix} = \begin{pmatrix} 2 \\ -3 \\ -1 \end{pmatrix} + t \cdot \begin{pmatrix} 3 \\ 0 \\ 2 \end{pmatrix}$

0 = −3, falsche Aussage, also existiert kein Punkt B, der in der x_1x_3-Ebene liegt. (Die Gerade verläuft parallel zur x_1x_3-Ebene).

c) Ansatz: $\begin{pmatrix} x_1 \\ 0 \\ 0 \end{pmatrix} = \begin{pmatrix} 2 \\ -3 \\ -1 \end{pmatrix} + t \cdot \begin{pmatrix} 3 \\ 0 \\ 2 \end{pmatrix}$ hat keine Lösung, weil 0 = −3 ein Widerspruch ist. Ein solcher Punkt existiert nicht.

d) Ansatz: $\begin{pmatrix} -4 \\ x_2 \\ x_3 \end{pmatrix} = \begin{pmatrix} 2 \\ -3 \\ -1 \end{pmatrix} + t \cdot \begin{pmatrix} 3 \\ 0 \\ 2 \end{pmatrix}$

Aus $-4 = 2 + 3t$ folgt $t = -2$ und damit der Punkt P(−4 | −3 | −5).

6 $c: \vec{x} = \vec{a} + r \cdot \overrightarrow{AB} = \begin{pmatrix} 2 \\ 3 \\ 0 \end{pmatrix} + r \cdot \begin{pmatrix} -3 \\ -3 \\ 3 \end{pmatrix}$

(z. B. auch möglich: $c: \vec{x} = \vec{b} + r \cdot \overrightarrow{AB} = \begin{pmatrix} -1 \\ 0 \\ 3 \end{pmatrix} + r \cdot \begin{pmatrix} -3 \\ -3 \\ 3 \end{pmatrix}$)

$b: \vec{x} = \vec{a} + s \cdot \overrightarrow{AC} = \begin{pmatrix} 2 \\ 3 \\ 0 \end{pmatrix} + s \cdot \begin{pmatrix} -2 \\ -2 \\ 4 \end{pmatrix}$

(z. B. auch möglich: $b: \vec{x} = \vec{c} + s \cdot \overrightarrow{AC} = \begin{pmatrix} 0 \\ 1 \\ 4 \end{pmatrix} + s \cdot \begin{pmatrix} -2 \\ -2 \\ 4 \end{pmatrix}$)

$a: \vec{x} = \vec{b} + t \cdot \overrightarrow{BC} = \begin{pmatrix} -1 \\ 0 \\ 3 \end{pmatrix} + t \cdot \begin{pmatrix} 1 \\ 1 \\ 1 \end{pmatrix}$

(z. B. auch möglich: $a: \vec{x} = \vec{c} + t \cdot \overrightarrow{BC} = \begin{pmatrix} 0 \\ 1 \\ 4 \end{pmatrix} + t \cdot \begin{pmatrix} 1 \\ 1 \\ 1 \end{pmatrix}$)

7 a) A(5 | 0 | 0), B(5 | 5 | 0), C(0 | 5 | 0), D(0 | 0 | 0), E(5 | 0 | 5), F(5 | 5 | 5), G(0 | 5 | 5), H(0 | 0 | 5)

b) $g_{BH}: \vec{x} = \begin{pmatrix} 5 \\ 5 \\ 0 \end{pmatrix} + t \cdot \begin{pmatrix} -5 \\ -5 \\ 5 \end{pmatrix}$

8 a)

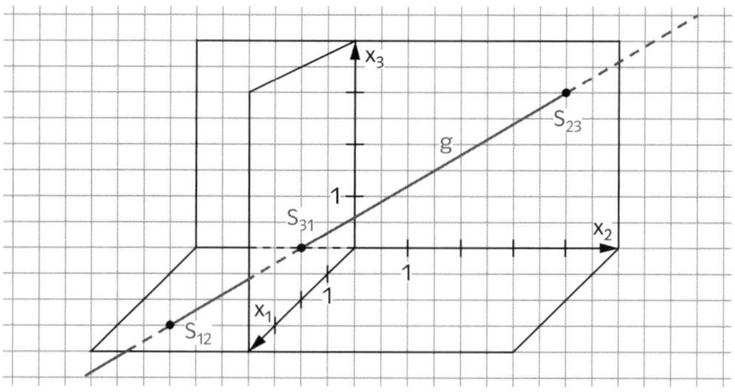

b)

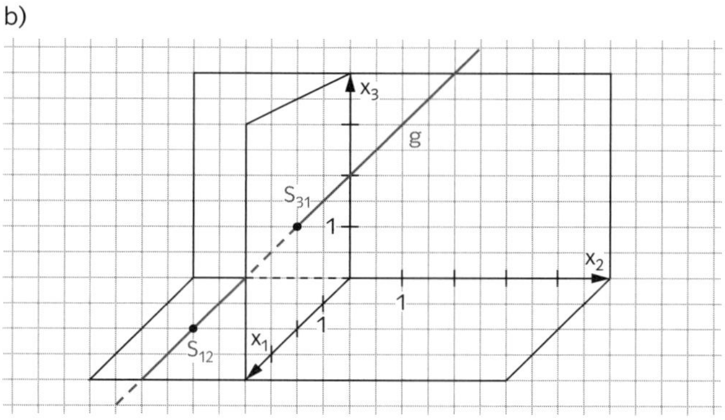

9 $g: \vec{x} = \begin{pmatrix} 4 \\ 2 \\ 2 \end{pmatrix} + t \cdot \begin{pmatrix} -1 \\ -1 \\ 2 \end{pmatrix}$

S_{12}: $x_3 = 0$ ergibt die Gleichung $2 + 2 \cdot t = 0$, also $t = -1$.

$\vec{s}_{12} = \begin{pmatrix} 4 \\ 2 \\ 2 \end{pmatrix} + (-1) \cdot \begin{pmatrix} -1 \\ -1 \\ 2 \end{pmatrix} = \begin{pmatrix} 5 \\ 3 \\ 0 \end{pmatrix}$ und damit $S_{12}(5\,|\,3\,|\,0)$.

S_{23}: $x_1 = 0$ ergibt die Gleichung $4 - t = 0$, also $t = 4$.

$\vec{s}_{23} = \begin{pmatrix} 4 \\ 2 \\ 2 \end{pmatrix} + 4 \cdot \begin{pmatrix} -1 \\ -1 \\ 2 \end{pmatrix} = \begin{pmatrix} 0 \\ -2 \\ 10 \end{pmatrix}$ und damit $S_{23}(0\,|-2\,|\,10)$.

S_{31}: $x_2 = 0$ ergibt die Gleichung $2 - t = 0$, also $t = 2$.

$\vec{s}_{31} = \begin{pmatrix} 4 \\ 2 \\ 2 \end{pmatrix} + 2 \cdot \begin{pmatrix} -1 \\ -1 \\ 2 \end{pmatrix} = \begin{pmatrix} 2 \\ 0 \\ 6 \end{pmatrix}$ und damit $S_{31}(2\,|\,0\,|\,6)$.

10 a) $g: \vec{x} = \begin{pmatrix} -2 \\ 9 \\ 2 \end{pmatrix} + t \cdot \begin{pmatrix} -2 \\ 6 \\ 1 \end{pmatrix}$

S_{12}: $x_3 = 0$ ergibt die Gleichung $2 + t = 0$, also $t = -2$.

$\vec{s}_{12} = \begin{pmatrix} -2 \\ 9 \\ 2 \end{pmatrix} + (-2) \cdot \begin{pmatrix} -2 \\ 6 \\ 1 \end{pmatrix} = \begin{pmatrix} 2 \\ -3 \\ 0 \end{pmatrix}$ und damit $S_{12}(2\,|-3\,|\,0)$.

S_{23}: $x_1 = 0$ ergibt die Gleichung $-2 - 2t = 0$, also $t = -1$.

$\vec{s}_{23} = \begin{pmatrix} -2 \\ 9 \\ 2 \end{pmatrix} + (-1) \cdot \begin{pmatrix} -2 \\ 6 \\ 1 \end{pmatrix} = \begin{pmatrix} 0 \\ 3 \\ 1 \end{pmatrix}$ und damit $S_{23}(0\,|\,3\,|\,1)$.

S_{31}: $x_2 = 0$ ergibt die Gleichung $9 + 6t = 0$, also $t = -1{,}5$.

$\vec{s}_{31} = \begin{pmatrix} -2 \\ 9 \\ 2 \end{pmatrix} + (-1{,}5) \cdot \begin{pmatrix} -2 \\ 6 \\ 1 \end{pmatrix} = \begin{pmatrix} 1 \\ 0 \\ 0{,}5 \end{pmatrix}$ und damit $S_{31}(1\,|\,0\,|\,0{,}5)$

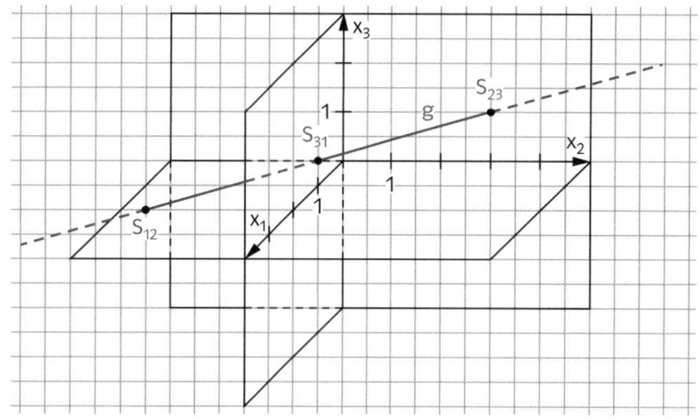

b) $g: \vec{x} = \begin{pmatrix} 3 \\ 0 \\ -1 \end{pmatrix} + t \cdot \begin{pmatrix} 1 \\ 1 \\ -2 \end{pmatrix}$

S_{12}: $x_3 = 0$ ergibt die Gleichung $-1 - 2t = 0$, also $t = -0{,}5$.

$\vec{s}_{12} = \begin{pmatrix} 3 \\ 0 \\ -1 \end{pmatrix} + (-0{,}5) \cdot \begin{pmatrix} 1 \\ 1 \\ -2 \end{pmatrix} = \begin{pmatrix} 2{,}5 \\ -0{,}5 \\ 0 \end{pmatrix}$ und damit $S_{12}(2{,}5\,|-0{,}5\,|\,0)$.

S_{23}: $x_1 = 0$ ergibt die Gleichung $3 + t = 0$, also $t = -3$.

$\vec{s}_{23} = \begin{pmatrix} 3 \\ 0 \\ -1 \end{pmatrix} + (-3) \cdot \begin{pmatrix} 1 \\ 1 \\ -2 \end{pmatrix} = \begin{pmatrix} 0 \\ -3 \\ 5 \end{pmatrix}$ und damit $S_{23}(0\,|-3\,|\,5)$.

S_{31}: $x_2 = 0$ ergibt die Gleichung $0 + t = 0$, also $t = 0$.

$\vec{s}_{31} = \begin{pmatrix} 3 \\ 0 \\ -1 \end{pmatrix} + 0 \cdot \begin{pmatrix} 1 \\ 1 \\ -2 \end{pmatrix} = \begin{pmatrix} 3 \\ 0 \\ -1 \end{pmatrix}$ und damit $S_{31}(3\,|\,0\,-1)$.

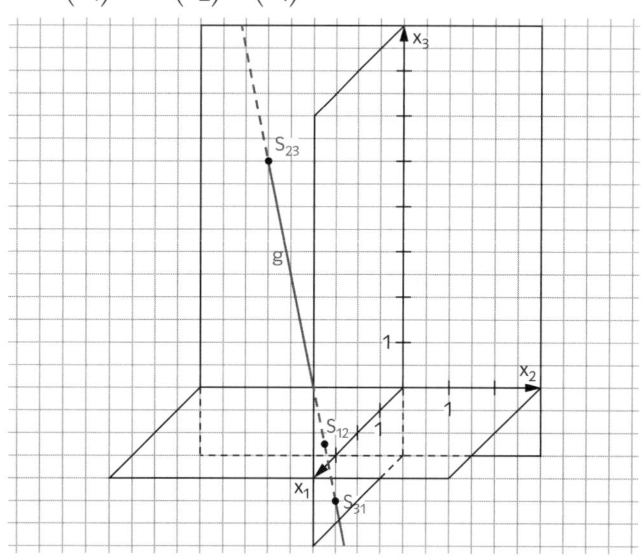

c) $g: \vec{x} = \begin{pmatrix} 1 \\ 2 \\ -1 \end{pmatrix} + t \cdot \begin{pmatrix} -1 \\ 1 \\ 0 \end{pmatrix}$

S_{12}: $x_3 = 0$ ergibt die Gleichung $-1 + 0t = 0$, also $-1 = 0$, falsche Aussage und damit existiert kein S_{12}.

S_{23}: $x_1 = 0$ ergibt die Gleichung $1 - t = 0$, also $t = 1$.

$\vec{s}_{23} = \begin{pmatrix} 1 \\ 2 \\ -1 \end{pmatrix} + 1 \cdot \begin{pmatrix} -1 \\ 1 \\ 0 \end{pmatrix} = \begin{pmatrix} 0 \\ 3 \\ -1 \end{pmatrix}$ und damit $S_{23}(0\,|\,3\,|-1)$.

S_{31}: $x_2 = 0$ ergibt die Gleichung $2 + t = 0$, also $t = -2$.

$\vec{s}_{31} = \begin{pmatrix} 1 \\ 2 \\ -1 \end{pmatrix} + (-2) \cdot \begin{pmatrix} -1 \\ 1 \\ 0 \end{pmatrix} = \begin{pmatrix} 3 \\ 0 \\ -1 \end{pmatrix}$ und damit $S_{31}(3\,|\,0\,|-1)$.

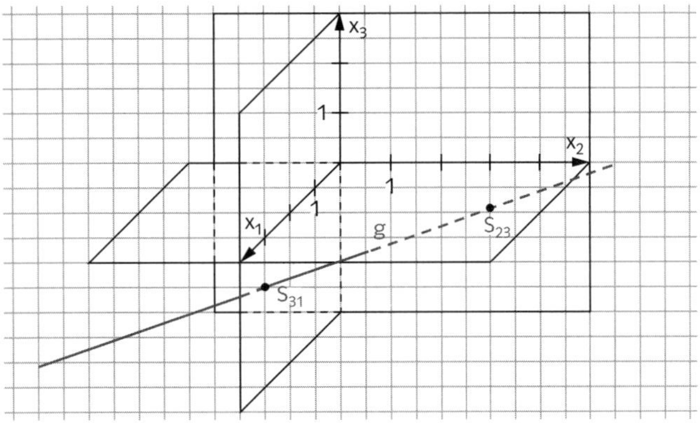

11 $S_{12}(3|1|0)$; $S_{23}(0|-2|3)$; $S_{31}(2|0|1)$

$g: \vec{x} = \begin{pmatrix} 3 \\ 1 \\ 0 \end{pmatrix} + r \cdot \left(\begin{pmatrix} 0 \\ -2 \\ 3 \end{pmatrix} - \begin{pmatrix} 3 \\ 1 \\ 0 \end{pmatrix} \right)$, vereinfacht:

$g: \vec{x} = \begin{pmatrix} 3 \\ 1 \\ 0 \end{pmatrix} + r \cdot \begin{pmatrix} -3 \\ -3 \\ 3 \end{pmatrix}$.

Gegenseitige Lage von Geraden, Seite 6

1 $g_1: \vec{x} = \begin{pmatrix} 0 \\ 1 \\ -3 \end{pmatrix} + r \cdot \begin{pmatrix} 4 \\ 1 \\ 2 \end{pmatrix}$, $g_2: \vec{x} = \begin{pmatrix} 1 \\ -2{,}5 \\ 5 \end{pmatrix} + s \cdot \begin{pmatrix} 3 \\ 2 \\ -1 \end{pmatrix}$.

Gleichsetzen:

$\begin{pmatrix} 0 \\ 1 \\ -3 \end{pmatrix} + r \cdot \begin{pmatrix} 4 \\ 1 \\ 2 \end{pmatrix} = \begin{pmatrix} 1 \\ -2{,}5 \\ 5 \end{pmatrix} + s \cdot \begin{pmatrix} 3 \\ 2 \\ -1 \end{pmatrix}$

Umformen:

$\left.\begin{matrix} 4r - 3s = 1 \\ r - 2s = -3{,}5 \end{matrix}\right\} r = 2{,}5;\ s = 3$
$2r + s = 8$

in (3): $2 \cdot 2{,}5 + 3 = 8$
$8 = 8$ (r)

Das LGS hat genau eine Lösung, also haben die beiden Geraden einen Schnittpunkt.
Schnittpunkt berechnen:
Mit r = 2,5 ergibt sich in der Gleichung von g_1

$\vec{s} = \begin{pmatrix} 0 \\ 1 \\ -3 \end{pmatrix} + 2{,}5 \cdot \begin{pmatrix} 4 \\ 1 \\ 2 \end{pmatrix} = \begin{pmatrix} 10 \\ 3{,}5 \\ 2 \end{pmatrix}$

der Ortsvektor des Schnittpunktes $S(10|3{,}5|2)$.

2 $g_1: \vec{x} = \begin{pmatrix} 1 \\ 0 \\ 2 \end{pmatrix} + r \cdot \begin{pmatrix} 2 \\ 3 \\ 5 \end{pmatrix}$, $g_2: \vec{x} = \begin{pmatrix} 2 \\ 2 \\ 4 \end{pmatrix} + s \cdot \begin{pmatrix} 1 \\ -1 \\ 1 \end{pmatrix}$.

Gleichsetzen:

$\begin{pmatrix} 1 \\ 0 \\ 2 \end{pmatrix} + r \cdot \begin{pmatrix} 2 \\ 3 \\ 5 \end{pmatrix} = \begin{pmatrix} 2 \\ 2 \\ 4 \end{pmatrix} + s \cdot \begin{pmatrix} 1 \\ -1 \\ 1 \end{pmatrix}$

Umformen:

$\left.\begin{matrix} 2r - s = 1 \\ 3r + s = 2 \end{matrix}\right\} r = \frac{3}{5};\ s = \frac{1}{5}$
$5r - s = 2$

in (3): $5 \cdot \frac{3}{5} - \frac{1}{5} = 2$
$\frac{14}{5} = 2$ (f)

Das LGS hat keine Lösung.
Richtungsvektoren überprüfen:

$\begin{pmatrix} 2 \\ 3 \\ 5 \end{pmatrix} = t \cdot \begin{pmatrix} 1 \\ -1 \\ 1 \end{pmatrix}$ $\quad \begin{matrix} t = 2 \\ t = -3 \\ t = 5 \end{matrix}$

Die Vektoren sind damit keine Vielfachen, also sind die Geraden g_1 und g_2 windschief.

3 a) $g_1: \vec{x} = \begin{pmatrix} 1 \\ 0 \\ 2 \end{pmatrix} + r \cdot \begin{pmatrix} -1 \\ 2 \\ 4 \end{pmatrix}$, $g_2: \vec{x} = \begin{pmatrix} 1 \\ 1 \\ 3 \end{pmatrix} + s \cdot \begin{pmatrix} 2 \\ -4 \\ -8 \end{pmatrix}$

Gleichsetzen:

$\begin{pmatrix} 1 \\ 0 \\ 2 \end{pmatrix} + r \cdot \begin{pmatrix} -1 \\ 2 \\ 4 \end{pmatrix} = \begin{pmatrix} 1 \\ 1 \\ 3 \end{pmatrix} + s \cdot \begin{pmatrix} 2 \\ -4 \\ -8 \end{pmatrix}$

Umformen:

$\left.\begin{matrix} -r - 2s = 0 \\ 2r + 4s = 1 \end{matrix}\right\} 0 = 1$ (f)
$4r + 8s = 1$

Das LGS hat keine Lösung.
Richtungsvektoren überprüfen:

$\begin{pmatrix} -1 \\ 2 \\ 4 \end{pmatrix} = t \cdot \begin{pmatrix} 2 \\ -4 \\ -8 \end{pmatrix}$ $\quad \begin{matrix} t = -0{,}5 \\ t = -0{,}5 \\ t = -0{,}5 \end{matrix}$

damit Vielfache voneinander, also sind die Geraden g_1 und g_2 parallel.

b) $g_1: \vec{x} = \begin{pmatrix} 1 \\ 5 \\ -2 \end{pmatrix} + t \cdot \begin{pmatrix} 3 \\ 0 \\ 1 \end{pmatrix}$, $g_2: \vec{x} = \begin{pmatrix} 10 \\ 5 \\ 1 \end{pmatrix} + t \cdot \begin{pmatrix} 9 \\ 0 \\ 3 \end{pmatrix}$

Unterschiedliche Parameter wählen und gleichsetzen:

$\begin{pmatrix} 1 \\ 5 \\ -2 \end{pmatrix} + r \cdot \begin{pmatrix} 3 \\ 0 \\ 1 \end{pmatrix} = \begin{pmatrix} 10 \\ 5 \\ 1 \end{pmatrix} + s \cdot \begin{pmatrix} 9 \\ 0 \\ 3 \end{pmatrix}$

Umformen:

$\left.\begin{matrix} 3r - 9s = 9 \\ 5 = 5 \end{matrix}\right\}$ I + (−3) (Gleichung (3))
$0 = 0$ (r)
$r - 3s = 3$

Das LGS hat unendlich viele Lösungen, also sind die Geraden g_1 und g_2 identisch.

4 zu a) gehört S, zu b) gehört P, zu c) gehört Q.

R liegt auf m für t = 2. Dann ist $m: \vec{x} = \begin{pmatrix} 1 \\ 2 \\ 3 \end{pmatrix} + t \cdot \begin{pmatrix} -0{,}5 \\ -1 \\ -1{,}5 \end{pmatrix}$.

R liegt für $t = -\frac{1}{3}$ auf n. Dann ist $n: \vec{x} = \begin{pmatrix} 1 \\ \frac{1}{6} \\ 3 \end{pmatrix} + t \cdot \begin{pmatrix} 3 \\ 0{,}5 \\ 9 \end{pmatrix}$.

5 Es bezeichnen $\vec{u}$ und $\vec{v}$ die Richtungsvektoren der Geraden g und h. Bei allen Aufgaben sollen sich die Geraden nicht schneiden. Folglich wird das beim Gleichsetzen der Geraden entstehende LGS auf Nicht-Lösbarkeit untersucht.

a) Es gilt $\vec{v} = 2\vec{u}$.

Das LGS $\left(\begin{array}{cc|c} 1 & -2 & -a \\ 0{,}5 & -1 & 1 \\ -0{,}5 & 1 & -1 \end{array}\right)$, d.h. $\left(\begin{array}{cc|c} 1 & -2 & -a \\ 0 & 0 & 2 + a \\ 0 & 0 & 0 \end{array}\right)$ ist unlösbar, wenn $a \neq -2$ ist.

b) $\vec{v}$ soll ein Vielfaches von $\vec{u}$ sein, d.h.

$k \cdot \begin{pmatrix} 1 \\ 3 \\ 4 \end{pmatrix} = \begin{pmatrix} 2 \\ b \\ 8 \end{pmatrix}$. Dies ergibt k = 2 und damit b = 6.

Das LGS $\left(\begin{array}{cc|c} 1 & -2 & -2 \\ 3 & -6 & -7 \\ 4 & -8 & -8 \end{array}\right)$, d.h. $\left(\begin{array}{cc|c} 1 & -2 & -2 \\ 0 & 0 & -1 \\ 0 & 0 & 0 \end{array}\right)$ ist unlösbar.

c) $\vec{v}$ soll kein Vielfaches von $\vec{u}$ sein, d.h. es muss $c \neq 3$ sein.

Das LGS $\left(\begin{array}{cc|c} 2 & -2 & 0 \\ 3 & -c & 0 \\ 0 & 0 & d - 2 \end{array}\right)$ ist unlösbar, wenn $d \neq 2$.

6 Die Gerade g schneidet h in $S(3|-4|-6)$, g und k sind parallel, h und k sind windschief.

7 a) Falsch: Die Stützvektoren geben nicht die Richtung der Geraden vor.
b) Wahr: Richtungsvektoren müssen Vielfache voneinander sein, damit zwei Geraden parallel sind.
c) Falsch: Die Geraden können dann auch parallel sein.
d) Wahr: Zu unterscheiden sind dann nur noch die Fälle „parallel" oder „identisch". Das kann in diesem Fall mit einer einfachen Punktprobe überprüft werden.
e) Falsch: Bei genau einer Lösung liegt der Fall „Schnittpunkt" vor.
f) Wahr: Das wäre der Differenzvektor nur im Falle von „identisch"
g) Falsch: siehe f).
h) Falsch: Geraden können in der Ebene nicht windschief sein. Dieser Fall fällt im Zweidimensonalen weg.

Abstand und Winkel, Seite 9

1 a) 7 b) 11 c) 15 d) 17

2 a) 27 b) 45 c) 81 d) $\frac{1}{2}$

3 Die Gerade k hat die gleiche Richtung wie g und h. Man muss sich nur überlegen, welchen Vektor man als Stützvektor verwendet.

a) $k: \vec{x} = \begin{pmatrix} 1 \\ 3 \\ 4 \end{pmatrix} + t \cdot \begin{pmatrix} -4 \\ 3 \\ -2 \end{pmatrix}$

b) $k: \vec{x} = \begin{pmatrix} 0 \\ 3 \\ 5 \end{pmatrix} + t \cdot \begin{pmatrix} -1 \\ 1 \\ 2 \end{pmatrix}$

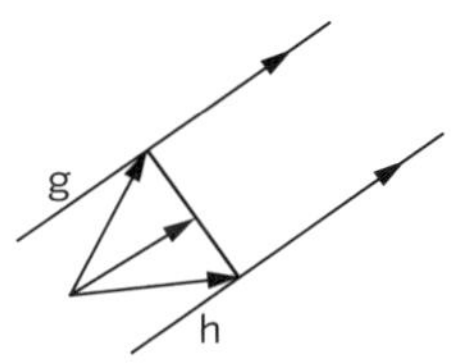

4 a) d = 15 LE b) d = 19 LE

5 a) $\cos(\alpha) = \frac{\left|\begin{pmatrix} 1 \\ 4 \\ 2 \end{pmatrix} \cdot \begin{pmatrix} -5 \\ 2 \\ -1 \end{pmatrix}\right|}{\sqrt{1^2+4^2+2^2} \cdot \sqrt{(-5)^2+2^2+(-1)^2}} = \frac{|-5+8-2|}{\sqrt{21} \cdot \sqrt{30}} = \frac{1}{\sqrt{21} \cdot \sqrt{30}}$,
d.h. $\alpha \approx 87{,}7°$

b) $\cos(\alpha) = \frac{|-14-9|}{\sqrt{17} \cdot \sqrt{58}} = \frac{23}{\sqrt{17} \cdot \sqrt{58}}$, d.h. $\alpha \approx 42{,}9°$

c) $\cos(\alpha) = \frac{8}{\sqrt{21} \cdot \sqrt{62}}$, d.h. $\alpha \approx 77{,}2°$

6 a) Die Geraden schneiden sich ($r = -2$; $s = 1$); Schnittpunkt $S(1\,|\,-2\,|\,4)$, Schnittwinkel $\alpha \approx 78{,}8°$
b) Die beiden Geraden schneiden sich nicht, sie sind parallel.
Es ist $\begin{pmatrix} -3 \\ 0 \\ -3 \end{pmatrix} = -3\begin{pmatrix} 1 \\ 0 \\ 1 \end{pmatrix}$.
c) Die beiden Geraden schneiden sich nicht, sie sind windschief.
$\begin{pmatrix} 2 \\ 2 \\ 1 \end{pmatrix}$ ist kein Vielfaches von $\begin{pmatrix} 4 \\ 3 \\ 1 \end{pmatrix}$.
d) Die beiden Geraden sind identisch.

7 a) $\overrightarrow{SB} = \begin{pmatrix} 2 \\ 2 \\ -6 \end{pmatrix}$; $\overrightarrow{SC} = \begin{pmatrix} -2 \\ 2 \\ -6 \end{pmatrix}$; $\cos(\alpha) = \frac{36}{44}$; $\alpha \approx 35{,}1°$

b) $\overrightarrow{AS} = \begin{pmatrix} -2 \\ 2 \\ 6 \end{pmatrix}$; $\overrightarrow{AC} = \begin{pmatrix} -4 \\ 4 \\ 0 \end{pmatrix}$; $\cos(\varphi) = \frac{16}{\sqrt{44}\sqrt{32}}$; $\varphi \approx 64{,}8°$

Modellieren mit Geraden, Seite 11

1 Geradengleichung $g: \vec{x} = \begin{pmatrix} 20 \\ 0 \\ 20 \end{pmatrix} + t \cdot \begin{pmatrix} 1 \\ 3 \\ -5 \end{pmatrix}$
Schnittpunkt mit der x_1x_2-Ebene: $x_3 = 0$, d.h. $20 - 5t = 0$. Daraus folgt $t = 4$. Der Schatten der Kirchturmspitze trifft im Punkt $(24\,|\,12\,|\,0)$ auf die x_1x_2-Ebene.

2 Man kann den Baum in den Ursprung setzen.
$g: \vec{x} = \begin{pmatrix} 0 \\ 0 \\ 8 \end{pmatrix} + t \cdot \begin{pmatrix} 1 \\ 1 \\ -4 \end{pmatrix}$ geschnitten mit x_1x_2-Ebene ergibt $t = 2$,
also Bildpunkt $(2\,|\,2\,|\,0)$. Länge des Schattens: $\sqrt{4+4+0} = \sqrt{8}$.

3 Punkte $C(5\,|\,6\,|\,0)$, $F(5\,|\,2\,|\,4)$, $G(5\,|\,6\,|\,4)$, $H(1\,|\,6\,|\,4)$
a) Lichtstrahlen durch die oberen Eckpunkte werden als Geraden mit Richtungsvektor $\vec{v}$ betrachtet. Die Spurpunkte dieser Geraden in der x_1x_2-Ebene sind die Eckpunkte des Schattens.
Lichtstrahl durch F: $g_1: \vec{x} = \begin{pmatrix} 5 \\ 2 \\ 4 \end{pmatrix} + r \cdot \begin{pmatrix} 2 \\ 3 \\ -3 \end{pmatrix}$,
Spurpunkt $F'\left(\frac{23}{3}\,\middle|\,6\,\middle|\,0\right)$
Lichtstrahl durch G: $g_2: \vec{x} = \begin{pmatrix} 5 \\ 6 \\ 4 \end{pmatrix} + r \cdot \begin{pmatrix} 2 \\ 3 \\ -3 \end{pmatrix}$,
Spurpunkt $G'\left(\frac{23}{3}\,\middle|\,10\,\middle|\,0\right)$
Lichtstrahl durch H: $g_3: \vec{x} = \begin{pmatrix} 1 \\ 6 \\ 4 \end{pmatrix} + r \cdot \begin{pmatrix} 2 \\ 3 \\ -3 \end{pmatrix}$,
Spurpunkt $H'\left(\frac{11}{3}\,\middle|\,10\,\middle|\,0\right)$
Der Spurpunkt $E'\left(\frac{11}{3}\,\middle|\,6\,\middle|\,0\right)$ liegt innerhalb der Schattenfläche.

b) Lichtstrahl durch F: $g_4: \vec{x} = \begin{pmatrix} 5 \\ 2 \\ 4 \end{pmatrix} + s \cdot \begin{pmatrix} 5 \\ 2 \\ -6 \end{pmatrix}$,
Spurpunkt $F''\left(\frac{25}{3}\,\middle|\,\frac{10}{3}\,\middle|\,0\right)$
Lichtstrahl durch G: $g_5: \vec{x} = \begin{pmatrix} 5 \\ 6 \\ 4 \end{pmatrix} + s \cdot \begin{pmatrix} 5 \\ 6 \\ -6 \end{pmatrix}$,
Spurpunkt $G''\left(\frac{25}{3}\,\middle|\,10\,\middle|\,0\right)$
Lichtstrahl durch H: $g_1: \vec{x} = \begin{pmatrix} 1 \\ 6 \\ 4 \end{pmatrix} + s \cdot \begin{pmatrix} 1 \\ 6 \\ -6 \end{pmatrix}$,
Spurpunkt $H''\left(\frac{5}{3}\,\middle|\,10\,\middle|\,0\right)$
Der Spurpunkt $E''\left(\frac{5}{3}\,\middle|\,\frac{10}{3}\,\middle|\,0\right)$ liegt innerhalb der Schattenfläche.

4 a) Innenwinkel:
$\cos(\sphericalangle BAO) = \frac{|\overrightarrow{AB} \cdot \overrightarrow{AO}|}{|\overrightarrow{AB}| \cdot |\overrightarrow{AO}|} = \frac{\left|\begin{pmatrix} -3 \\ 3 \\ 0 \end{pmatrix} \cdot \begin{pmatrix} -6 \\ -6 \\ 0 \end{pmatrix}\right|}{\sqrt{(-3)^2+3^2+0^2} \cdot \sqrt{(-6)^2+(-6)^2+0^2}} = \frac{|0|}{\sqrt{162} \cdot \sqrt{72}} = 0$;
d.h. $\sphericalangle BAO = 90°$; genauso: $\sphericalangle AOB = 26{,}6°$; $\sphericalangle OBA = 63{,}4°$.
Punktprobe für S: $\begin{pmatrix} 4 \\ 6 \\ 8 \end{pmatrix} = \begin{pmatrix} 3 \\ 3{,}5 \\ 8 \end{pmatrix} + t \cdot \begin{pmatrix} 2 \\ 5 \\ 0 \end{pmatrix}$, $\begin{matrix} t = 0{,}5 \\ t = 0{,}5 \\ 8 = 8 \end{matrix}$, also $S \in g$.
b) Schnittpunkt mit der x_1x_2-Ebene: $x_3 = 0$, d.h. $8 - 8t = 0$. Daraus folgt $t = 1$. Der Schatten der Pyramidenspitze trifft im Punkt $(9\,|\,3\,|\,0)$ auf die x_1x_2-Ebene.

Vektorielle Beschreibung von Ebenen, Seite 12

1 $E: \vec{x} = \overrightarrow{OP} + r \cdot \overrightarrow{PQ} + s \cdot \overrightarrow{PR}$:
$\overrightarrow{OP} = \begin{pmatrix} 4 \\ -3 \\ 1 \end{pmatrix}$, $\overrightarrow{PQ} = \overrightarrow{OQ} - \overrightarrow{OP} = \begin{pmatrix} -2 \\ 0 \\ 2 \end{pmatrix} - \begin{pmatrix} 4 \\ -3 \\ 1 \end{pmatrix} = \begin{pmatrix} -6 \\ 3 \\ 1 \end{pmatrix}$,
$\overrightarrow{PR} = \overrightarrow{OR} - \overrightarrow{OP} = \begin{pmatrix} 4 \\ 2 \\ -3 \end{pmatrix} - \begin{pmatrix} 4 \\ -3 \\ 1 \end{pmatrix} = \begin{pmatrix} 0 \\ 5 \\ -4 \end{pmatrix}$,
$E: \vec{x} = \begin{pmatrix} 4 \\ -3 \\ 1 \end{pmatrix} + r \cdot \begin{pmatrix} -6 \\ 3 \\ 1 \end{pmatrix} + s \cdot \begin{pmatrix} 0 \\ 5 \\ -4 \end{pmatrix}$.

$E: \vec{x} = \overrightarrow{OQ} + r \cdot \overrightarrow{QP} + s \cdot \overrightarrow{PR}$.

$\overrightarrow{OQ} = \begin{pmatrix} -2 \\ 0 \\ 2 \end{pmatrix}$, $\overrightarrow{QP} = -\overrightarrow{PQ} = \begin{pmatrix} 6 \\ -3 \\ -1 \end{pmatrix}$,

$\overrightarrow{QR} = \overrightarrow{OR} - \overrightarrow{OQ} = \begin{pmatrix} 4 \\ 2 \\ -3 \end{pmatrix} - \begin{pmatrix} -2 \\ 0 \\ 2 \end{pmatrix} = \begin{pmatrix} 6 \\ 2 \\ -5 \end{pmatrix}$,

$E: \vec{x} = \begin{pmatrix} -2 \\ 0 \\ 2 \end{pmatrix} + r \cdot \begin{pmatrix} 6 \\ -3 \\ -1 \end{pmatrix} + s \cdot \begin{pmatrix} 6 \\ 2 \\ -5 \end{pmatrix}$.

2 Fehler: Für die Richtungsvektoren wurden die Ortsvektoren der Punkte Q und R eingesetzt. Korrektur:

$E: \vec{x} = \begin{pmatrix} 2 \\ 3 \\ 1 \end{pmatrix} + r \cdot \begin{pmatrix} 1 \\ 2 \\ -3 \end{pmatrix} + s \cdot \begin{pmatrix} 2 \\ 1 \\ -1 \end{pmatrix}$

3 a) $\vec{x} = \begin{pmatrix} 8 \\ 7 \\ 1 \end{pmatrix} + 3 \cdot \begin{pmatrix} 4 \\ -3 \\ 3 \end{pmatrix} + \begin{pmatrix} 2 \\ 5 \\ -1 \end{pmatrix} = \begin{pmatrix} 22 \\ 3 \\ 9 \end{pmatrix}$ Q(22 | 3 | 9)

b) $\vec{x} = \begin{pmatrix} 8 \\ 7 \\ 1 \end{pmatrix} - 4 \cdot \begin{pmatrix} 4 \\ -3 \\ 3 \end{pmatrix} = \begin{pmatrix} -8 \\ 19 \\ -11 \end{pmatrix}$ R(−8 | 19 | −11)

c) $\vec{x} = \begin{pmatrix} 8 \\ 7 \\ 1 \end{pmatrix} - \begin{pmatrix} 4 \\ -3 \\ 3 \end{pmatrix} - 2 \cdot \begin{pmatrix} 2 \\ 5 \\ -1 \end{pmatrix} = \begin{pmatrix} 0 \\ 0 \\ 0 \end{pmatrix}$ T(0 | 0 | 0)

4 Stützvektor $\vec{p} = \begin{pmatrix} 2 \\ 1 \\ 0 \end{pmatrix}$, Spannvektoren $\vec{u} = \begin{pmatrix} 2 \\ 3 \\ -1 \end{pmatrix}$ und

$\vec{v} = \overrightarrow{OR} - \vec{p} = \begin{pmatrix} 0 \\ 3 \\ 1 \end{pmatrix} - \begin{pmatrix} 2 \\ 1 \\ 0 \end{pmatrix} = \begin{pmatrix} -2 \\ 2 \\ 1 \end{pmatrix}$,

also $E: \vec{x} = \begin{pmatrix} 2 \\ 1 \\ 0 \end{pmatrix} + r \cdot \begin{pmatrix} 2 \\ 3 \\ -1 \end{pmatrix} + s \cdot \begin{pmatrix} -2 \\ 2 \\ 1 \end{pmatrix}$.

5 a) $\begin{pmatrix} 4 \\ 0 \\ -1 \end{pmatrix} + r \cdot \begin{pmatrix} 3 \\ -1 \\ 1 \end{pmatrix} = \begin{pmatrix} 6 \\ -1 \\ 1 \end{pmatrix}$, d.h. $\begin{matrix} 3r = 2 \\ -r = -1 \\ r = 2 \end{matrix}$, also $\begin{matrix} r = \frac{2}{3} \\ r = 1 \\ r = 2 \end{matrix}$

Das LGS ist unlösbar, P liegt nicht auf g.

z.B. Stützvektor $\begin{pmatrix} 6 \\ -1 \\ 1 \end{pmatrix}$, Spannvektoren $\begin{pmatrix} 3 \\ -1 \\ 1 \end{pmatrix}$ und

$\begin{pmatrix} 4 \\ 0 \\ -1 \end{pmatrix} - \begin{pmatrix} 6 \\ -1 \\ 1 \end{pmatrix} = \begin{pmatrix} -2 \\ 1 \\ -2 \end{pmatrix}$;

$E: \vec{x} = \begin{pmatrix} 6 \\ -1 \\ 1 \end{pmatrix} + r \cdot \begin{pmatrix} 3 \\ -1 \\ 1 \end{pmatrix} + s \cdot \begin{pmatrix} -2 \\ 1 \\ -2 \end{pmatrix}$

b) $\begin{pmatrix} -1 \\ 2 \\ 1 \end{pmatrix} + r \cdot \begin{pmatrix} 2 \\ 6 \\ 1 \end{pmatrix} = \begin{pmatrix} 0 \\ 0 \\ 0 \end{pmatrix}$, d.h. $\begin{matrix} 2r = 1 \\ 6r = -2 \\ r = -1 \end{matrix}$, also $\begin{matrix} r = \frac{1}{2} \\ r = -\frac{1}{3} \\ r = -1 \end{matrix}$.

Das LGS ist unlösbar, P liegt nicht auf g.

z.B. Stützvektor $\begin{pmatrix} 0 \\ 0 \\ 0 \end{pmatrix}$, Spannvektoren $\begin{pmatrix} 2 \\ 6 \\ 1 \end{pmatrix}$ und

$\begin{pmatrix} -1 \\ 2 \\ 1 \end{pmatrix} - \begin{pmatrix} 0 \\ 0 \\ 0 \end{pmatrix} = \begin{pmatrix} -1 \\ 2 \\ 1 \end{pmatrix}$; $E: \vec{x} = r \cdot \begin{pmatrix} 2 \\ 6 \\ 1 \end{pmatrix} + s \cdot \begin{pmatrix} -1 \\ 2 \\ 1 \end{pmatrix}$

6 Ebene E:

Punkt P: $\begin{pmatrix} 2 \\ 1 \\ 4 \end{pmatrix} + r \cdot \begin{pmatrix} 1 \\ 2 \\ 5 \end{pmatrix} + s \cdot \begin{pmatrix} 0 \\ 2 \\ 1 \end{pmatrix} = \begin{pmatrix} 3 \\ 3 \\ 9 \end{pmatrix}$, d.h. $r \cdot \begin{pmatrix} 1 \\ 2 \\ 5 \end{pmatrix} + s \cdot \begin{pmatrix} 0 \\ 2 \\ 1 \end{pmatrix} = \begin{pmatrix} 1 \\ 2 \\ 5 \end{pmatrix}$.

Das LGS $\begin{matrix} r = 1 \\ 2r + 2s = 2 \\ 5r + s = 5 \end{matrix}$ ist lösbar (Lösung r = 1, s = 0),

also liegt P in E.
Punkt Q: Punkt Q liegt in E (für r = −1, s = 0).
Punkt R: Das LGS ist unlösbar, R liegt nicht in E.

Ebene F:
Punkt P: Punkt P liegt in F (für t = 1, u = −5).
Punkt Q: Punkt Q liegt in F (für t = −3, u = 5).
Punkt R: Punkt R liegt in F (für t = −2, u = 0).

7 S liegt auf h (r = 0). S liegt auf g (r = 1).

Stützvektor der Ebene E z.B.: $\overrightarrow{OS} = \begin{pmatrix} 4 \\ 4 \\ -1 \end{pmatrix}$

Spannvektoren: die beiden Richtungsvektoren der Geraden

$E: \vec{x} = \begin{pmatrix} 4 \\ 4 \\ -1 \end{pmatrix} + r \cdot \begin{pmatrix} 2 \\ 3 \\ -1 \end{pmatrix} + s \cdot \begin{pmatrix} -2 \\ 2 \\ 3 \end{pmatrix}$

Bemerkung: Als Stützvektor kann z.B. auch der Stützvektor von g verwendet werden.

8 a) Wegen $\begin{pmatrix} -4 \\ -6 \\ 2 \end{pmatrix} = (-2) \cdot \begin{pmatrix} 2 \\ 3 \\ -1 \end{pmatrix}$ und weil der Punkt (0 | 3 | 3) von h nicht auf g liegt, sind die beiden Geraden parallel.

b) Stützvektor der Ebene E z.B.: $\overrightarrow{OP}$
Spannvektoren: z.B. Richtungsvektor von g und

$\vec{w} = \overrightarrow{PQ} = \begin{pmatrix} 0 \\ 3 \\ 3 \end{pmatrix} - \begin{pmatrix} 2 \\ 1 \\ 0 \end{pmatrix} = \begin{pmatrix} -2 \\ 2 \\ 3 \end{pmatrix}$

$E: \vec{x} = \begin{pmatrix} 2 \\ 1 \\ 0 \end{pmatrix} + r \cdot \begin{pmatrix} 2 \\ 3 \\ -1 \end{pmatrix} + s \cdot \begin{pmatrix} -2 \\ 2 \\ 3 \end{pmatrix}$

Koordinatengleichung einer Ebene, Seite 14

1 a) $4 \cdot 1 + 5 \cdot 3 + 7 \cdot (-2) = 4 + 15 - 14 \neq 15$; P liegt nicht in E.
$4 \cdot (-3) + 5 \cdot 18 + 7 \cdot (-9) = -12 + 90 - 63 = 15$; Q liegt in E.
b) $2 \cdot 7 - 5 \cdot 3 = -1$; R liegt in E
$2 \cdot 0 - 5 \cdot 0 = 0 \neq -1$; Q liegt nicht in E.

2 a) $E: -\frac{2}{5}x_1 + \frac{1}{3}x_2 + x_3 = -2 \quad | \cdot 15$
ergibt $-6x_1 + 5x_2 + 15x_3 = -30$
b) $F: \frac{3}{7}x_1 - \frac{1}{4}x_3 = 3 \quad | \cdot 28$ ergibt: $12x_1 - 7x_3 = 84$

3 a) $4x_1 - 7x_2 + 5x_3 = 3$ b) $6x_1 + 2x_2 + 9x_3 = 19$
c) $3x_1 - x_3 = 10$ d) $2x_1 = 12$

4 a) $E: \vec{x} = \begin{pmatrix} 2 \\ -3 \\ 4 \end{pmatrix} + r \cdot \begin{pmatrix} 3 \\ 1 \\ -6 \end{pmatrix} + s \cdot \begin{pmatrix} 1 \\ -5 \\ 2 \end{pmatrix}$;

$\vec{n} = \begin{pmatrix} 3 \\ 1 \\ -6 \end{pmatrix} \times \begin{pmatrix} 1 \\ -5 \\ 2 \end{pmatrix} = \begin{pmatrix} 1 \cdot 2 - (-5) \cdot (-6) \\ -6 \cdot 1 - 3 \cdot 2 \\ 3 \cdot (-5) - 1 \cdot 1 \end{pmatrix} = \begin{pmatrix} -28 \\ -12 \\ -16 \end{pmatrix}$;

vereinfacht: $\vec{n}_1 = \begin{pmatrix} 7 \\ 3 \\ 4 \end{pmatrix}$

Koordinatengleichung von $E: 7x_1 + 3x_2 + 4x_3 = d$
Punktprobe mit P(2 | −3 | 4): $d = 7 \cdot 2 + 3 \cdot (-3) + 4 \cdot 4 = 21$
Koordinatengleichung von $E: 7x_1 + 3x_2 + 4x_3 = 21$

b) $\vec{n} = \begin{pmatrix} -7 \\ -2 \\ 15 \end{pmatrix}$; $E: 7x_1 + 2x_2 - 15x_3 = 3$

c) $\vec{n} = \begin{pmatrix} 0 \\ -20 \\ -10 \end{pmatrix}$; $E: 2x_2 + x_3 = 1$

5 a) $x_2 = r;\ x_3 = s;\ x_1 = 3 - \frac{5}{2}r + \frac{1}{2}s$

$E: \vec{x} = \begin{pmatrix}3\\0\\0\end{pmatrix} + r\cdot\begin{pmatrix}-\frac{5}{2}\\1\\0\end{pmatrix} + s\cdot\begin{pmatrix}\frac{1}{2}\\0\\1\end{pmatrix}$ oder $\vec{x} = \begin{pmatrix}3\\0\\0\end{pmatrix} + r\cdot\begin{pmatrix}-5\\2\\0\end{pmatrix} + s\cdot\begin{pmatrix}1\\0\\2\end{pmatrix}$

b) $x_2 = r;\ x_3 = s;\ x_1 = \frac{2}{3}r - \frac{4}{3}s$

$E: \vec{x} = r\cdot\begin{pmatrix}\frac{2}{3}\\1\\0\end{pmatrix} + s\cdot\begin{pmatrix}-\frac{4}{3}\\0\\1\end{pmatrix}$ oder $\vec{x} = r\cdot\begin{pmatrix}2\\3\\0\end{pmatrix} + s\cdot\begin{pmatrix}-4\\0\\3\end{pmatrix}$

c) $x_2 = r;\ x_3 = s;\ x_1 = 2 + \frac{1}{2}s$

$E: \vec{x} = \begin{pmatrix}2\\0\\0\end{pmatrix} + r\cdot\begin{pmatrix}0\\1\\0\end{pmatrix} + s\cdot\begin{pmatrix}\frac{1}{2}\\0\\1\end{pmatrix}$ oder $\vec{x} = \begin{pmatrix}2\\0\\0\end{pmatrix} + r\cdot\begin{pmatrix}0\\1\\0\end{pmatrix} + s\cdot\begin{pmatrix}1\\0\\2\end{pmatrix}$

d) $x_1 = r;\ x_3 = s;\ x_2 = 5$

$E: \vec{x} = \begin{pmatrix}0\\5\\0\end{pmatrix} + r\cdot\begin{pmatrix}1\\0\\0\end{pmatrix} + s\cdot\begin{pmatrix}0\\0\\1\end{pmatrix}$

6 a) 1. Möglichkeit: $E: \vec{x} = \begin{pmatrix}3\\0\\0\end{pmatrix} + r\cdot\begin{pmatrix}\frac{1}{2}\\1\\0\end{pmatrix} + s\cdot\begin{pmatrix}-\frac{3}{2}\\0\\1\end{pmatrix}$;

2. Möglichkeit: $\vec{n} = \begin{pmatrix}2\\-1\\3\end{pmatrix}$; $E: \vec{x} = \begin{pmatrix}0\\0\\2\end{pmatrix} + r\cdot\begin{pmatrix}1\\2\\0\end{pmatrix} + s\cdot\begin{pmatrix}0\\3\\1\end{pmatrix}$

b) 1. Möglichkeit: $E: \vec{x} = \begin{pmatrix}\frac{3}{2}\\0\\0\end{pmatrix} + r\cdot\begin{pmatrix}-\frac{3}{4}\\1\\0\end{pmatrix} + s\cdot\begin{pmatrix}\frac{9}{4}\\0\\1\end{pmatrix}$;

2. Möglichkeit: $\vec{n} = \begin{pmatrix}4\\3\\-9\end{pmatrix}$; $E: \vec{x} = \begin{pmatrix}0\\2\\0\end{pmatrix} + r\cdot\begin{pmatrix}9\\0\\4\end{pmatrix} + s\cdot\begin{pmatrix}0\\3\\1\end{pmatrix}$;

c) 1. Möglichkeit: $E: \vec{x} = \begin{pmatrix}0\\0\\-\frac{10}{7}\end{pmatrix} + r\cdot\begin{pmatrix}1\\0\\0\end{pmatrix} + s\cdot\begin{pmatrix}0\\1\\\frac{8}{7}\end{pmatrix}$;

2. Möglichkeit: $\vec{n} = \begin{pmatrix}0\\8\\-7\end{pmatrix}$; $E: \vec{x} = \begin{pmatrix}0\\10\\10\end{pmatrix} + r\cdot\begin{pmatrix}1\\0\\0\end{pmatrix} + s\cdot\begin{pmatrix}0\\7\\8\end{pmatrix}$

d) 1. Möglichkeit: $\vec{x} = \begin{pmatrix}13\\0\\0\end{pmatrix} + r\cdot\begin{pmatrix}0\\1\\0\end{pmatrix} + s\cdot\begin{pmatrix}0\\0\\1\end{pmatrix}$;

2. Möglichkeit: $\vec{n} = \begin{pmatrix}1\\0\\0\end{pmatrix}$; $E: \vec{x} = \begin{pmatrix}13\\0\\0\end{pmatrix} + r\cdot\begin{pmatrix}0\\1\\0\end{pmatrix} + s\cdot\begin{pmatrix}0\\0\\1\end{pmatrix}$

7 a) Z.B. P(1 | 0 | 0), Q(0 | −1 | 0), R(0 | 0 | −1);

$E: \vec{x} = \begin{pmatrix}1\\0\\0\end{pmatrix} + r\cdot\begin{pmatrix}1\\1\\0\end{pmatrix} + s\cdot\begin{pmatrix}1\\0\\1\end{pmatrix}$

b) Z.B. P(2 | −1 | 0), Q(0 | 0 | 7), R(0 | −2 | 1);

$E: \vec{x} = \begin{pmatrix}2\\-1\\0\end{pmatrix} + r\cdot\begin{pmatrix}-2\\1\\7\end{pmatrix} + s\cdot\begin{pmatrix}-2\\-1\\1\end{pmatrix}$

c) Z.B. P(0 | −1 | −1), Q(1 | −1 | −1), R(0 | 5 | 4);

$E: \vec{x} = \begin{pmatrix}0\\-1\\-1\end{pmatrix} + r\cdot\begin{pmatrix}1\\0\\0\end{pmatrix} + s\cdot\begin{pmatrix}0\\6\\5\end{pmatrix}$

d) Z.B. P(11 | 0 | 0), Q(11 | 1 | 0), R(11 | 0 | 1);

$E: \vec{x} = \begin{pmatrix}11\\0\\0\end{pmatrix} + r\cdot\begin{pmatrix}0\\1\\0\end{pmatrix} + s\cdot\begin{pmatrix}0\\0\\1\end{pmatrix}$

Zeichnerische Darstellung von Ebenen, Seite 16

1 a)

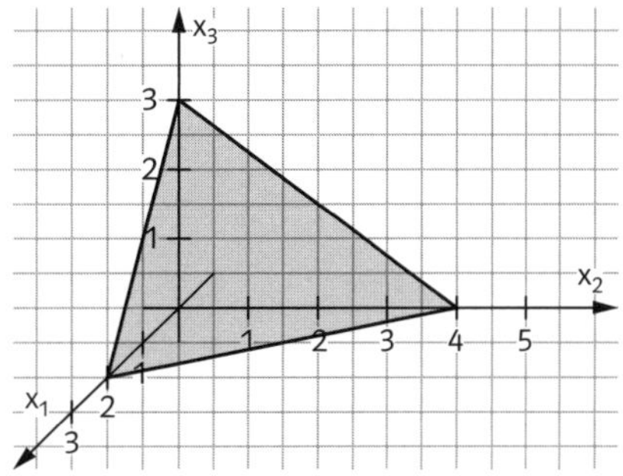

b)

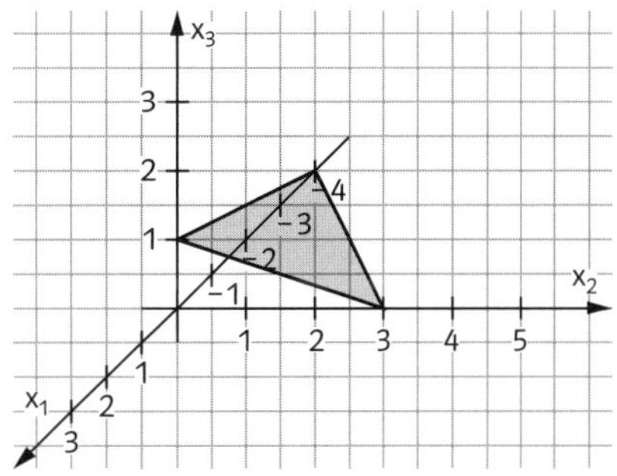

c)

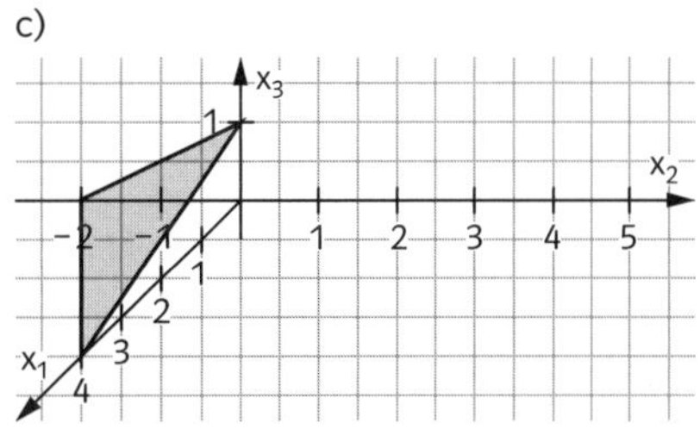

2 S_1: $x_2 = x_3 = 0$ ergibt $6x_1 = -12$, d.h. $x_1 = -2$: $S_1(-2 | 0 | 0)$
S_2: $x_1 = x_3 = 0$ ergibt $4x_2 = -12$, also ist $x_2 = -3$: $S_2(0 | -3 | 0)$
S_3: $x_1 = x_2 = 0$ ergibt $-3x_3 = -12$, also ist $x_3 = 4$: $S_3(0 | 0 | 4)$

3 a) $S_1(3 | 0 | 0)$, $S_2(0 | 3 | 0)$, $S_3(0 | 0 | 3)$

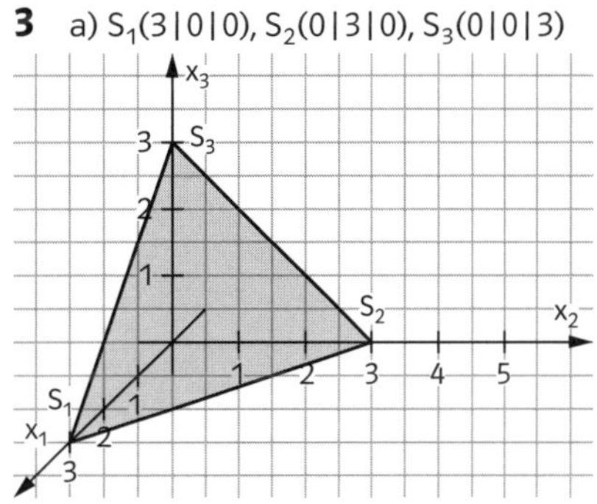

b) $S_1(3{,}5 | 0 | 0)$, $S_2(0 | -3 | 0)$; $S_3(0 | 0 | 3)$

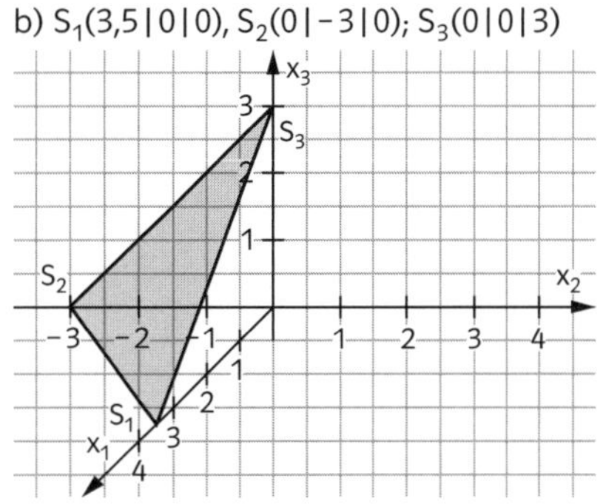

c) $E: \vec{x} = \begin{pmatrix} -4 \\ 2 \\ 3 \end{pmatrix} + r \cdot \begin{pmatrix} 0 \\ 2 \\ 3 \end{pmatrix} + s \cdot \begin{pmatrix} 8 \\ -2 \\ 3 \end{pmatrix}$

S_1: $x_2 = x_3 = 0$ führt auf das LGS $\begin{matrix} 2r - 2s = -2 \\ 3r + 3s = -3 \end{matrix}$;

Lösung $r = -1$, $s = 0$; $S_1(-4|0|0)$

S_2: $x_1 = x_3 = 0$ führt auf das LGS $\begin{matrix} 8s = 4 \\ 3r + 3s = -3 \end{matrix}$;

Lösung $r = -\frac{3}{2}$; $s = \frac{1}{2}$; $S_2(0|-2|0)$

S_3: $x_1 = x_2 = 0$ führt auf das LGS $\begin{matrix} 8s = 4 \\ 2r - 2s = -2 \end{matrix}$;

Lösung $r = -\frac{1}{2}$; $s = \frac{1}{2}$; $S_3(0|0|3)$

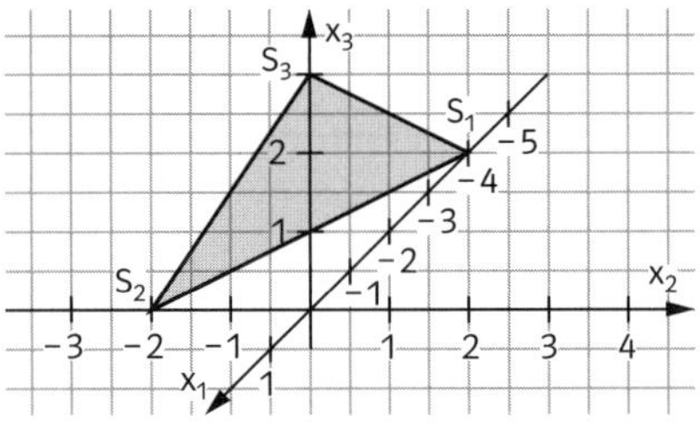

4 a) $S_1(3|0|0)$, $S_2(0|2|0)$; $S_3(0|0|2)$

$E: \vec{x} = \begin{pmatrix} 3 \\ 0 \\ 0 \end{pmatrix} + r \cdot \begin{pmatrix} -3 \\ 2 \\ 0 \end{pmatrix} + s \cdot \begin{pmatrix} -3 \\ 0 \\ 2 \end{pmatrix}$

b) $S_1(-2|0|0)$, $S_2(0|2|0)$; $S_3(0|0|-1)$

$E: \vec{x} = \begin{pmatrix} -2 \\ 0 \\ 0 \end{pmatrix} + r \cdot \begin{pmatrix} 2 \\ 2 \\ 0 \end{pmatrix} + s \cdot \begin{pmatrix} 2 \\ 0 \\ -1 \end{pmatrix}$

5 a) $S_1(2|0|0)$

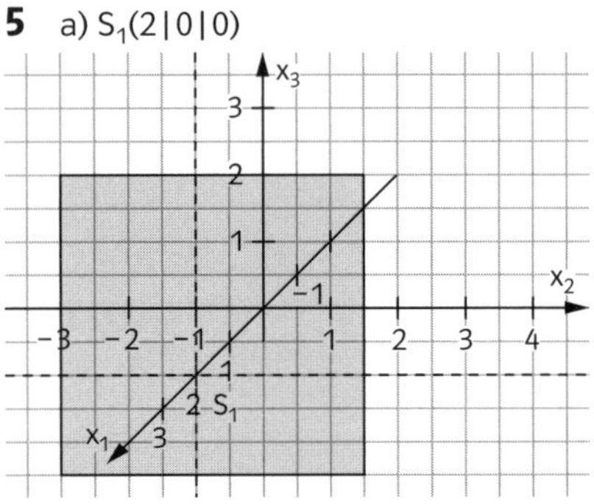

b) $S_3(0|0|1{,}5)$

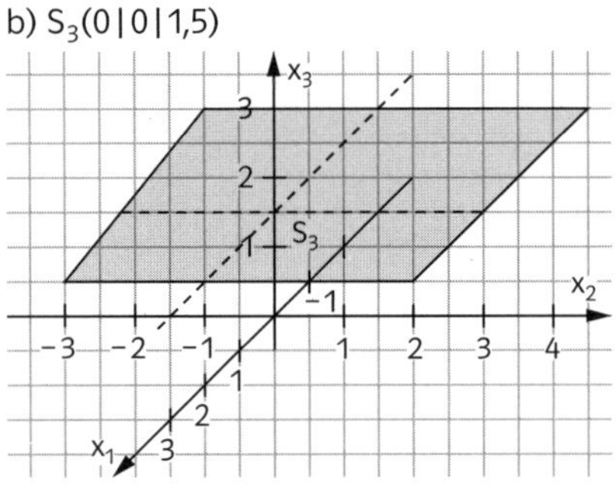

c) $S_1(2|0|0)$; $S_2(0|4|0)$

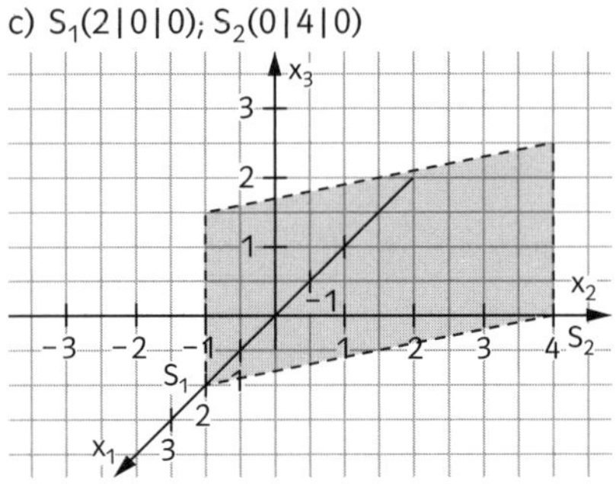

d) $S_2(0|4|0)$; $S_3(0|0|4)$

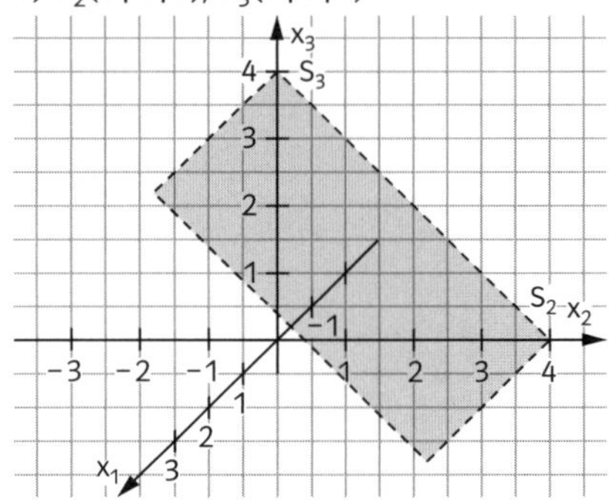

6 Zusammen gehören (a) und E_3, (b) und E_1, (d) und E_4, (e) und E_2. Zu (c) passt die Ebene mit der Gleichung $E: x_3 = 0$.

Test, Seite 18

1 a) für $t = -3$ liegt A auf g, für $t = -2$ liegt C auf h, B liegt auf keiner der Geraden.
b) g und h schneiden sich in $S(3|3|-5)$.

2 a) $h: \vec{x} = \begin{pmatrix} 1 \\ 0 \\ 0 \end{pmatrix} + t \cdot \begin{pmatrix} 3 \\ 2 \\ -5 \end{pmatrix}$

b) $S(5|-2|-4)$, $h: \vec{x} = \begin{pmatrix} 5 \\ -2 \\ -4 \end{pmatrix} + t \cdot \vec{u}$, wobei $\vec{u}$ ein beliebiger Vektor sein kann, der kein Vielfaches von $\begin{pmatrix} 3 \\ 2 \\ -5 \end{pmatrix}$ ist.

c) $h: \vec{x} = \begin{pmatrix} 2 \\ -4 \\ a \end{pmatrix} + t \cdot \vec{u}$, wobei a eine beliebige von 1 verschiedene Zahl ist, und $\vec{u}$ ein beliebiger Vektor, der kein Vielfaches von $\begin{pmatrix} 3 \\ 2 \\ -5 \end{pmatrix}$ ist.

3 Spurpunkte von g_1:
$x_1 = 0$; $5 + r = 0$; $r = -5$; $S_{23}(0|-9|9)$
$x_2 = 0$; $6 + 3r = 0$; $r = -2$; $S_{13}(3|0|6)$
$x_3 = 0$; $4 - r = 0$; $r = 4$; $S_{12}(9|18|0)$
Spurpunkte von g_2:
$x_1 = 0$; $-4 + 2r = 0$; $r = 2$; $S_{23}(0|1|3)$
$x_2 = 0$; $1 + 0 \cdot r = 0$; $1 = 0$; nicht lösbar, d.h. kein Spurpunkt in der x_1x_3-Ebene
$x_3 = 0$; $9 - 3r = 0$; $r = 3$; $S_{12}(2|1|0)$
g_2 ist parallel zur x_1x_3-Ebene.
Spurpunkte von g_3:
$x_1 = 0$; $3 + 0 \cdot r = 0$; $3 = 0$; nicht lösbar, d.h. kein Spurpunkt in der x_2x_3-Ebene
$x_2 = 0$; $7 + r = 0$; $r = -7$; $S_{13}(3|0|11)$
$x_3 = 0$; $11 + 0\ r = 0$; $11 = 0$; nicht lösbar, d.h. kein Spurpunkt in der x_1x_2-Ebene
g_3 ist parallel zur x_2-Achse.

4 a) windschief b) $S(3|-1|-1)$

5 Gerade durch A und B: $g: \vec{x} = \begin{pmatrix} 2 \\ 2 \\ 1 \end{pmatrix} + t \cdot \begin{pmatrix} 1 \\ 1 \\ 2 \end{pmatrix}$;

allgemeiner Geradenpunkt X auf g: $X(2 + t|2 + t|1 + 2t)$

Orthogonalitätsbedingung $\overrightarrow{CX} \cdot \vec{u} = 0$; $\begin{pmatrix} -2 + t \\ -2 + t \\ -1 + 2t \end{pmatrix} \cdot \begin{pmatrix} 1 \\ 1 \\ 2 \end{pmatrix} = 0$;
$-6 + 6t = 0$; $t = 1$
Einsetzen von $t = 1$ führt auf den Lotfußpunkt $F(3|3|3)$;

$\overrightarrow{CF} = \begin{pmatrix} -1 \\ -1 \\ 1 \end{pmatrix}$; $|\overrightarrow{CF}| = \sqrt{3}$ Der Abstand des Punktes C zur Grundseite $\overline{AB}$ ist die Höhe des Dreiecks ABC. Die Höhe beträgt $\sqrt{3}$ Längeneinheiten.

Länge der Grundseite des Dreiecks ABC: $\overrightarrow{AB} = \begin{pmatrix} 1 \\ 1 \\ 2 \end{pmatrix}$; $|\overrightarrow{AB}| = 2$

Flächeninhalt des Dreiecks ABC: $A = \frac{1}{2} \cdot 2 \cdot \sqrt{3} = \sqrt{3}$

6 a) Die Geraden sind parallel, weil die Richtungsvektoren Vielfache voneinander sind. Sie sind nicht identisch, weil der Ortsvektor des Punkts P(1 | 0 | 6) die Gleichung von h nicht erfüllt.

b) Das LGS $\left| \begin{array}{l} 1 + r = 1 \\ r = -3 + t \\ 6 - r = 6 \end{array} \right|$ hat die Lösung $r = 0$ und $t = 3$, deshalb schneiden sich g und k.

Das LGS $\left| \begin{array}{l} 2 - s = 1 \\ -2 - s = -3 + t \\ 5 + s = 6 \end{array} \right|$ hat die Lösung $s = 1$ und $t = 0$, deshalb schneiden sich h und k.

Schnittwinkel von g und k: $\cos\alpha = \frac{\left| \begin{pmatrix} 1 \\ 1 \\ -1 \end{pmatrix} \cdot \begin{pmatrix} 0 \\ 1 \\ 0 \end{pmatrix} \right|}{\sqrt{3}} = \frac{1}{\sqrt{3}}$; $\alpha \approx 54{,}7°$

Schnittwinkel von h und k: $\cos\beta = \frac{\left| \begin{pmatrix} 1 \\ 1 \\ -1 \end{pmatrix} \cdot \begin{pmatrix} 0 \\ 1 \\ 0 \end{pmatrix} \right|}{\sqrt{3}} = \frac{1}{\sqrt{3}}$; $\alpha \approx 54{,}7°$

Das ist der Stufenwinkelsatz.

7 a) Die Stützpunkte der Geraden g und h sind gleich, also schneiden sie sich.

$\vec{u} \cdot \vec{v} = \begin{pmatrix} 2 \\ -5 \\ 3 \end{pmatrix} \cdot \begin{pmatrix} -3 \\ 4 \\ 4 \end{pmatrix} = -14$; $|\vec{u}| = \sqrt{38}$; $|\vec{v}| = \sqrt{41}$

$\cos(\alpha) = \frac{|\vec{u} \cdot \vec{v}|}{|\vec{u}| \cdot |\vec{v}|} = \frac{14}{\sqrt{38} \cdot \sqrt{41}} \approx 0{,}355$; $\alpha \approx 69{,}23°$

b) Gleichsetzen führt auf das LGS $\left(\begin{array}{cc|c} 1 & 1 & 3 \\ 1 & 0 & -2 \\ -4 & -1 & 3 \end{array} \right)$ mit der Lösung

$r = -2$, $s = 5$; Schnittpunkt S(−2 | −1 | 6).

$\vec{u} \cdot \vec{v} = \begin{pmatrix} 1 \\ 1 \\ -4 \end{pmatrix} \cdot \begin{pmatrix} -1 \\ 0 \\ 1 \end{pmatrix} = -5$; $|\vec{u}| = \sqrt{18}$; $|\vec{v}| = \sqrt{2}$

$\cos(\alpha) = \frac{|\vec{u} \cdot \vec{v}|}{|\vec{u}| \cdot |\vec{v}|} = \frac{5}{\sqrt{18} \cdot \sqrt{2}} = \frac{5}{6}$; $\alpha \approx 33{,}56°$

8 Koordinatensystem: Als Ursprung wird z. B. der Fußpunkt des Fahnenmastes gewählt. Die Spitze des Fahnenmastes hat dann die Koordinaten (0 | 0 | 5). Die x_1x_2-Koordinatenebene stellt bei dieser Modellierung den ebenen Platz dar.

Geradengleichung $g: \vec{x} = \begin{pmatrix} 0 \\ 0 \\ 5 \end{pmatrix} + t \cdot \begin{pmatrix} 3 \\ 1 \\ -1 \end{pmatrix}$. Gesucht ist der Spurpunkt mit der x_1x_2-Ebene. $x_3 = 0$, d. h. $5 - t = 0$; $t = 5$. Die Spitze des Fahnenmastes trifft im Punkt P(15 | 5 | 0) auf der Fläche auf. Der Schatten hat die Länge $|\overrightarrow{OP}| = \sqrt{15^2 + 5^2 + 0^2} = \sqrt{250} \approx 15{,}81$.

Der Fahnenmast wirft einen etwa 15,81 m langen Schatten.

9 $\overrightarrow{AB} = \begin{pmatrix} -7 \\ 14 \\ -2 \end{pmatrix}$, $\overrightarrow{AC} = \begin{pmatrix} -8 \\ 9 \\ -5 \end{pmatrix}$

$E: \vec{x} = \begin{pmatrix} 9 \\ -7 \\ 2 \end{pmatrix} + r \cdot \begin{pmatrix} -7 \\ 14 \\ -2 \end{pmatrix} + s \cdot \begin{pmatrix} -8 \\ 9 \\ -5 \end{pmatrix}$

$E: 52x_1 + 19x_2 - 49x_3 = 237$

10 a)

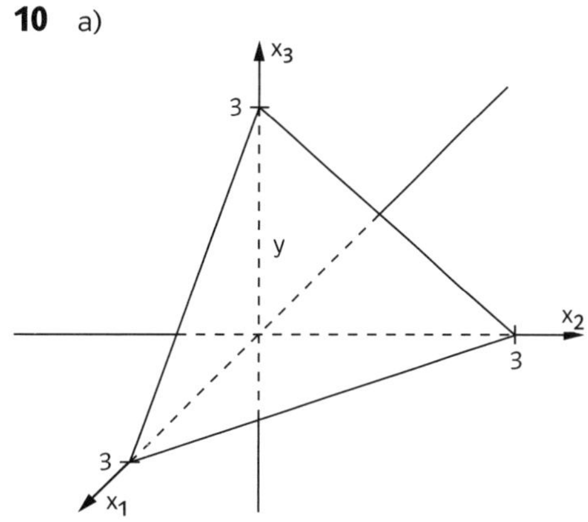

b) Eine Koordinatengleichung von E ist $6x_1 + 3x_2 - 2x_3 = 6$.

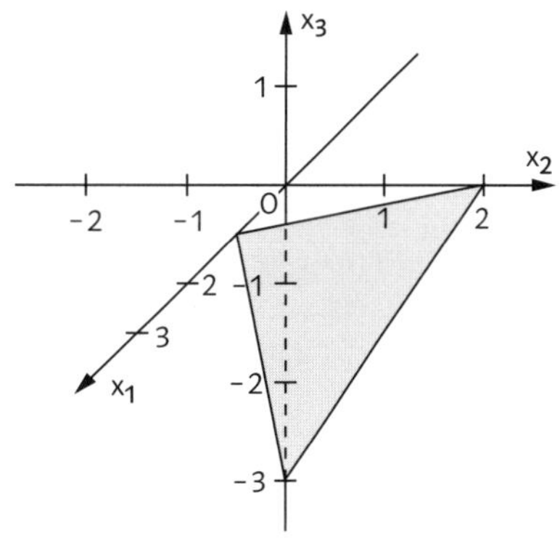

II Zufallsexperimente und Wahrscheinlichkeiten

Zufallsexperimente, Seite 19

1 a) A = {4; 5; 6}
b) $\overline{A}$: Augenzahl höchstens 3; $\overline{A}$ = {1; 2; 3}

2 a) A = {Audi; BMW; VW; Renault; Toyota; Mercedes; Opel; Ford}
b) A = {Audi; BMW; VW; Mercedes; (Opel); (Ford)};
B = {Audi; Renault; Toyota; Mercedes; Opel; Ford};
C = {Audi; VW; Opel}; D = {BMW}
c) Die Ergebnisse A, B bzw. C (außerdem $\overline{D}$)

3 a) Wahr, Kopf oder Zahl
b) Wahr, vgl. Aufgabe 1
c) Falsch, es fehlt die 5
d) Falsch, wenn die Ereignismenge A = {3; 5} ist, tritt das Ereignis A ein, wenn eine 3 oder eine 5 gewürfelt wird.
e) Wahr

4 a) A = {(1; 1), (1; 2), (1; 3), (1; 4), (1; 5), (1; 6), (2; 2); (2; 3), (2; 4); (2; 5), (2; 6), (3; 3), (3; 4), (3; 5), (3; 6), (4; 4), (4; 5), (4; 6), (5; 5), (5; 6), (6; 6)}
b) B = {1; 4), (2; 3)}

5 a) A = {4; 5; 6; 7; 8; 9}
b) $\overline{B}$: Spiel endete mit Sieg einer Mannschaft.
c) C = {1; 3; 4; 5; 6; 7; 8; 9}

Versuchsreihe; Wahrscheinlichkeitsverteilung, Seite 20

1 a) $P(A) \approx \frac{380}{1000} = 0{,}38$

b) $\overline{A}$: Nichtraucher; $P(\overline{A}) \approx \frac{620}{1000} = 0{,}62$

2 a) P(A) ≈ P(Fahrrad) + P(zu Fuß) + P(ÖPNV) = 0,3
b) $\overline{A}$: „Kommt mit Auto oder Motorrad"; $P(\overline{A}) \approx 0{,}7$
c) P(B) = 1 − P(zu Fuß) ≈ 0,95

3 a) A: „Ein VW-Käufer kauft einen grauen Wagen";
$P(A) \approx \frac{241926}{621978} \approx 0{,}389$

b) B: „Mein Nachbar kauft ein rotes Auto"; $P(B) \approx \frac{150045}{3342122} \approx 0{,}049$

c) C: „Ein schwarzer Mercedes wird als Neuwagen bei der Zulassungsstelle angemeldet"; $P(C) \approx \frac{105935}{3342122} \approx 0{,}032$

Laplace-Experimente, Seite 21

1 a) Claudia kann die relativen Häufigkeiten direkt ablesen (da die Anzahl der Würfe 100 ist). Die Zahl der Versuche reicht aber nicht aus, um die Wahrscheinlichkeiten zu bestimmen. Außerdem legt die Symmetrie nahe, dass die Wahrscheinlichkeiten für 1 und 6 gleich sein müssten, ebenso die für 2 und 5 bzw. für 3 und 4.
b)

Augenzahl	1	2	3	4	5	6
Wahrscheinlichkeit	0,15	0,08	0,27	0,27	0,08	0,15

2 a) ja b) nein c) nein d) nein e) ja f) nein

3 A = {3; 6}; $P(A) = \frac{2}{6} = \frac{1}{3}$

4 A = {18; 19; 20}; $P(A) = \frac{93}{120} = 0{,}775$

5 A = {Hund; Katze}; $P(A) = \frac{210}{335} \approx 0{,}627$

6 A = {1234; 5678}; $P(A) = \frac{2}{9999} \approx 0{,}0002$

Mehrstufige Zufallsexperimente, Seite 22

1

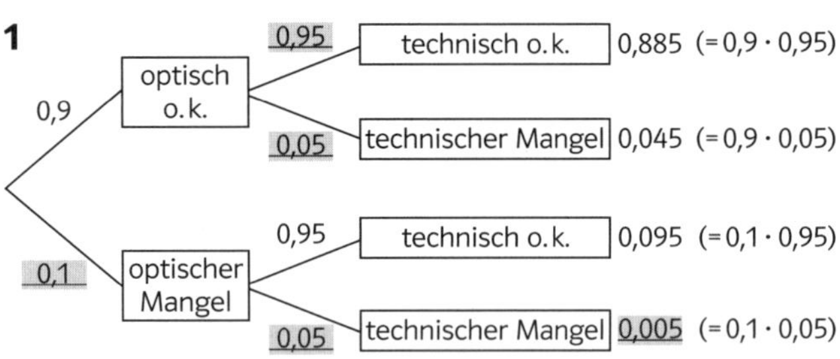

P (beide Mängel) = 0,005

2 a) nM: normales Mobiltelefon (kein Smartphone)

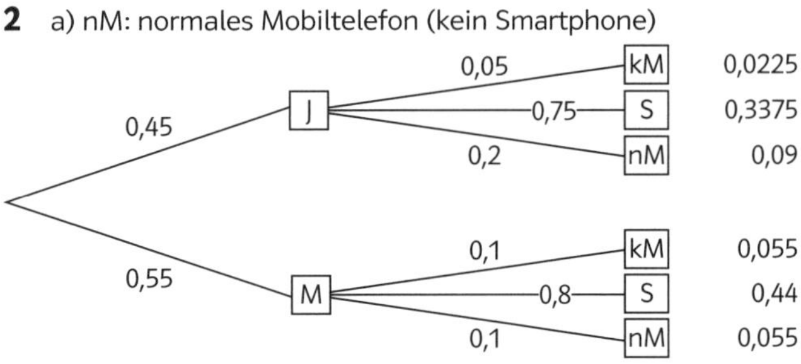

b) (1) P(M; kM) = 0,055
(2) P(S) = P(J; S) + P(M; S) = 0,3375 + 0,44 = 0,7775

3
M: Mann
F: Frau
C: hat schon mal Cannabis konsumiert
kC: hat noch nie Cannabis konsumiert
links

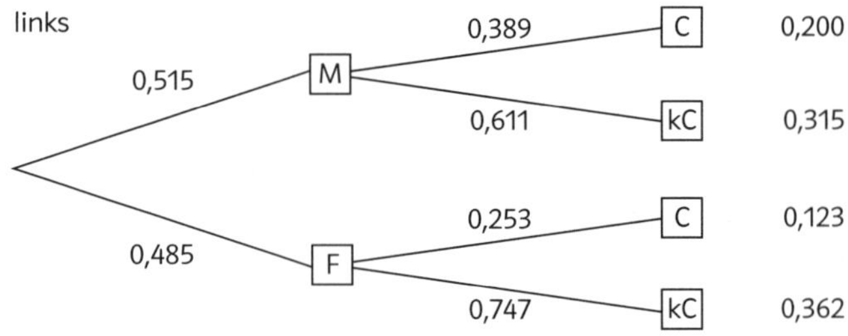

rechts

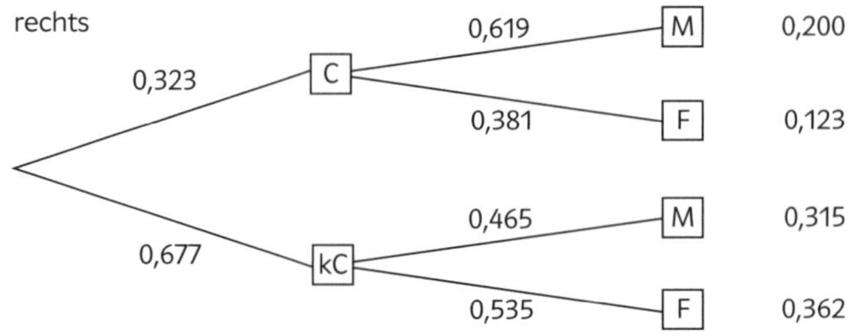

Obwohl die Baumdiagramme unterschiedlich aufgebaut sind, ergeben sich dieselben Pfadwahrscheinlichkeiten.

4 a) A: Führerscheinverlust wegen Alkohol
oA: Führerscheinverlust ohne Alkohol
g: geeignet
ng: nicht geeignet

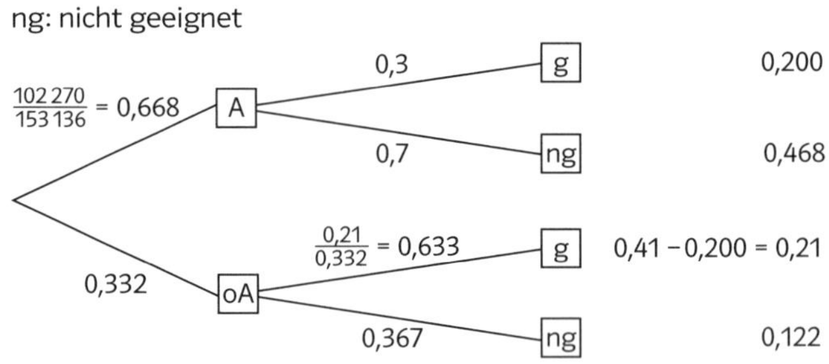

b) (1) P(A; ng) = 0,468
(2) P(oA; g) = 0,21

5 A: Mindestens eine der fünf Aktien fällt unter den bestimmen Wert
$\overline{A}$: Keine der fünf Aktien fällt unter den bestimmten Wert.
Das entsprechende Baumdiagramm hat nur einen Pfad, bei dem keine Aktie unter den bestimmten Wert fällt.
Darum ist $P(A) = 1 - P(\overline{A}) = 1 - 0{,}9 \cdot 0{,}9 \cdot 0{,}9 \cdot 0{,}9 \cdot 0{,}9 \approx 0{,}41$
Mit einer Wahrscheinlichkeit von ca. 41% erhält der Anleger keine Rendite.

Verknüpfen von Ereignissen – Additionssatz, Seite 24

1 a) $E = \{11; 12; 13; 14\}$; $F = \{11; 13; 22; 24; 31; 33; 42; 44\}$
$\overline{E} = \{21; 22; 23; 24; 31; 32; 33; 34; 41; 42; 43; 44\}$;
$\overline{F} = \{12; 14; 21; 23; 32; 34; 41; 43\}$
b) siehe Tabelle 1 unten
c) $\overline{E \cap F}$: „Die erste Kugel ist nicht die 1 oder die Summe der gezogenen Zahlen ist ungerade".
$\overline{E \cup F}$: „Die erste Kugel ist nicht die 1 und die Summe der gezogenen Zahlen ist ungerade".
d) A: „Die erste Kugel ist entweder die 1 oder die Summe der gezogenen Zahlen ist gerade". $A = \{12, 14, 22, 24, 31, 33, 42, 44\}$

2

A_1: Die 1-Euro-Münze zeigt Zahl.	$A_1 = \overline{F}$
A_2: Die 5-Cent-Münze zeigt keine Zahl.	$A_2 = \overline{E}$
A_3: Nur die 5-Cent-Münze zeigt Zahl.	$A_3 = E \cap F \cap \overline{G}$
A_4: Alle Münzen zeigen Zahl.	$A_4 = E \cap \overline{F} \cap G$
A_5: Eine Münze zeigt Zahl.	$A_5 = E \cup \overline{F} \cup G$
A_6: Genau eine Münze zeigt Zahl.	$A_6 = (E \cap F \cap \overline{G}) \cup (\overline{E} \cap \overline{F} \cap \overline{G}) \cup (\overline{E} \cap F \cap G)$

3 a) $A_1 \cap A_2 \cap A_3$
b) $A_1 \cup A_3$
c) $(A_1 \cap \overline{A_3}) \cup (\overline{A_1} \cap A_3)$
d) $(A_1 \cap A_2) \cup (A_1 \cap A_3) \cup (A_2 \cap A_3)$
e) $A_1 \cup A_2 \cup A_3$

4 E: „Der Würfel zeigt eine 3."; F: „Die Münze zeigt Zahl."
$P(E) = \frac{1}{6}$; $P(F) = \frac{1}{2}$; $P(E \cap F) = \frac{1}{6} \cdot \frac{1}{2} = \frac{1}{12}$
$P(E \cup F) = \frac{1}{6} + \frac{1}{2} - \frac{1}{12} = \frac{7}{12}$

5 a) – c) siehe Tabelle 2 unten
d) z. B.: E: „Die Zahl ist kleiner als 3"; F: „Die Zahl ist größer als 5"
e) Es darf keine Ergebnisse geben, die sowohl in E als auch in F liegen.

6 a) $\frac{67}{184} \approx 36{,}41\,\%$ b) $\frac{19}{92} \approx 20{,}65\,\%$
c) $\frac{12}{184} \approx 6{,}52\,\%$ d) $\frac{93}{184} \approx 50{,}54\,\%$

Vierfeldertafel – bedingte Wahrscheinlichkeit, Seite 26

1 a)

	B	$\overline{B}$	
A	16	18	34
$\overline{A}$	20	36	56
	36	54	90

b) $P(A) = \frac{34}{90} \approx 0{,}3778$; $P(\overline{A}) = \frac{56}{90} \approx 0{,}622$; $P(B) = \frac{36}{90} = 0{,}4$;
$P(\overline{B}) = \frac{54}{90} = 0{,}6$;
$P(A \cap B) = \frac{16}{90} \approx 0{,}1778$; $P(\overline{A} \cap B) = \frac{20}{90} \approx 0{,}2222$; $P(A \cap \overline{B}) = \frac{18}{90} = 0{,}2$;
$P(\overline{A} \cap \overline{B}) = \frac{36}{90} = 0{,}4$.

2 a) $P_A(D)$: Die Wahrscheinlichkeit, dass ein Bauteil defekt ist, wenn es von Maschine 1 produziert wurde.
$P_{\overline{A}}(D)$: Die Wahrscheinlichkeit, dass ein Bauteil defekt ist, wenn es nicht von Maschine 1 produziert wurde.
$P_D(A)$: Die Wahrscheinlichkeit, dass ein Bauteil von Maschine 1 produziert wurde, wenn es defekt ist.
$P_{\overline{D}}(\overline{A})$: Die Wahrscheinlichkeit, dass ein Bauteil nicht von Maschine 1 produziert wurde, wenn es nicht defekt ist.
b)

	D	$\overline{D}$	
A	0,06	0,34	0,4
$\overline{A}$	0,05	0,55	0,6
	0,11	0,89	1

c) $P(D) = 0{,}11 = 11\,\%$

$$P_A(D) = \frac{P(A \cap D)}{P(A)} = \frac{0{,}06}{0{,}4} = 15\,\%$$

$$P_A(\overline{D}) = \frac{P(A \cap \overline{D})}{P(A)} = \frac{0{,}34}{0{,}4} = 85\,\%$$

$$P_D(A) = \frac{P(A \cap D)}{P(D)} = \frac{0{,}06}{0{,}11} \approx 54{,}55\,\%$$

Tabelle 1

	in Worten	als Menge
$E \cap F$	Die erste Kugel ist die 1 und die Summe der gezogenen Zahlen ist gerade.	$\{11; 13\}$
$E \cup F$	Die erste Kugel ist die 1 oder die Summe der gezogenen Zahlen ist gerade.	$\{11; 12; 13; 14; 22; 24; 31; 33; 42; 44\}$
$E \cup \overline{F}$	Die erste Kugel ist die 1 oder die Summe ist ungerade.	$\{11; 12; 13; 14; 21; 23; 32; 34; 41; 43\}$

Tabelle 2

	E	F	P(E)	P(F)	P(E ∩ F)	P(E ∪ F)
a)	Die gezogene Zahl ist ungerade.	Die gezogene Zahl ist größer als 6.	$\frac{1}{2}$	$\frac{2}{5}$	$\frac{1}{5}$	$\frac{1}{2} + \frac{2}{5} - \frac{1}{5} = \frac{7}{10}$
b)	Die erste Zahl ist gerade.	Die zweite Zahl ist kleiner als 4.	$\frac{1}{2}$	$\frac{3}{10}$	$\frac{3}{20}$	$\frac{1}{2} + \frac{3}{10} - \frac{3}{20} = \frac{13}{20}$
c)	Die erste Zahl ist durch 3 teilbar.	Die zweite Zahl ist durch 3 teilbar.	$\frac{3}{10}$	$\frac{3}{10}$	$\frac{9}{100}$	$\frac{3}{10} + \frac{3}{10} - \frac{9}{100} = \frac{51}{100}$

Stochastische Unabhängigkeit, Seite 27

1 $P(E) = \frac{1}{2}$; $P(F) = \frac{1}{2}$; $P(E) \cdot P(F) = \frac{1}{4}$,
Da $P(E \cap F) = \frac{1}{4}$ ist, sind die Ereignisse E und F stochastisch unabhängig.

2 a)

	A	$\overline{A}$	
B	0,2	0,6	0,8
$\overline{B}$	0,1	0,1	0,2
	0,3	0,7	1

b) $P_A(B) = \frac{2}{3}$; $P_{\overline{A}}(B) = \frac{6}{7}$; $P_B(A) = \frac{1}{4}$; $P_{\overline{B}}(A) = \frac{1}{2}$.

c) A und B sind nicht stochastisch unabhängig, denn
$P(A \cap B) = 0{,}2 \neq 0{,}24 = P(A) \cdot P(B)$

3 a)

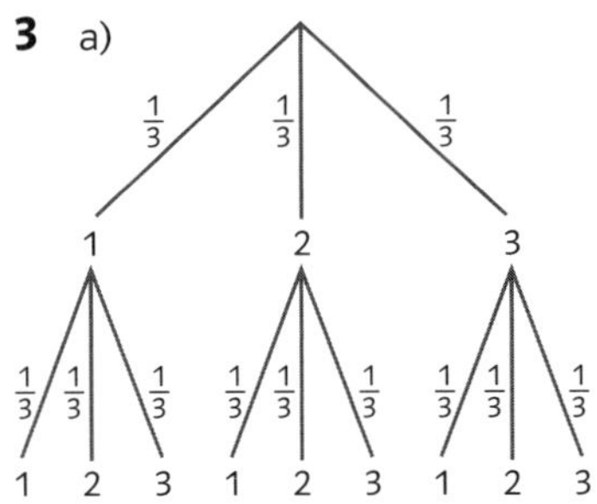

b)

	E	$\overline{E}$	
F	$\frac{2}{9}$	$\frac{3}{9}$	$\frac{5}{9}$
$\overline{F}$	$\frac{1}{9}$	$\frac{3}{9}$	$\frac{4}{9}$
	$\frac{1}{3}$	$\frac{2}{3}$	1

c) 1. Möglichkeit: $P(E \cap F) = \frac{2}{9} \neq \frac{5}{27} = P(E) \cdot P(F)$

2. Möglichkeit: $P_E(F) = \frac{2}{3} \neq \frac{5}{9} = P(F)$

3. Möglichkeit: $P_F(E) = \frac{2}{5} \neq \frac{1}{3} = P(E)$

4 a)

	M	F	
S	0,15	0,05	0,2
$\overline{S}$	0,35	0,45	0,8
	0,5	0,5	1

b) $P_{\overline{S}}(M) = 0{,}4375$. Dies ist die Wahrscheinlichkeit, dass eine zufällig ausgewählte Person, die nicht schnarcht, ein Mann ist.
c) $P_F(S) = 0{,}1$, $P_S(F) = 0{,}25$

5 a) wahr, b) falsch, c) wahr, d) falsch, e) wahr

Kombinatorik – Bestimmung von Anzahlen, Seite 28

1 a) Der Baum wird sehr groß und unübersichtlich.
b) Für das Passwort könnte theoretisch immer derselbe Buchstabe verwendet werden. Außerdem spielt die Reihenfolge eine Rolle. Damit entspricht der Vorgang dem Urnenmodell mit Zurücklegen und mit Berücksichtigung der Reihenfolge.
c) Damit sind es $26^8 = 208\,827\,064\,576$ Möglichkeiten.

2 a) 5
b) $5 \cdot 4 = 20$
c) ohne Zurücklegen und mit Berücksichtigung der Reihenfolge
d) $5! = 120$
e) $\binom{5}{3} = 10$

3 a) $6 \cdot 5 \cdot 4 = \frac{6!}{3!} = 120$ b) $6! = 720$ c) $\binom{6}{3} = 20$
d) $\binom{6}{6} = 1$ e) $6^3 = 216$ f) $6^6 = 46\,656$
g) mit Fall c)

4

Aufgabe	Fall	Berechnung
Fünf Personen setzen sich an einen Tisch mit fünf Plätzen. Wie viele mögliche Sitzordnungen gibt es?	2	$5! = 5 \cdot 4 \cdot 3 \cdot 2 \cdot 1 = 120$
Wie viele dreistellige Zahlen kann man aus den Ziffern 2, 4, 7, 9 bilden?	1	$4^3 = 64$
Aus den 83 Mitgliedern eines Musikvereins wird ein fünfköpfiger Vorstand gewählt. Wie viele Möglichkeiten gibt es dafür?	3	$\binom{83}{5} = 29\,034\,396$
Aus dem fünfköpfigen Vorstand werden ein 1. Vorsitzender, ein 2. Vorsitzender und ein Kassierer gewählt. Wie viele Möglichkeiten gibt es dafür?	2	$5 \cdot 4 \cdot 3 = 60$
Eine Eisdiele hat 28 Sorten Speiseeis. Wie viele verschiedene Eisbecher mit vier Kugeln Eis können Sie anbieten?	1	$28^4 = 614\,656$

5 a) 24 b) 362 880 c) 56 d) 1
e) 4 f) 6 g) 4 h) 1

6 a) $5^3 = 125$
b) $5 \cdot 4 \cdot 3 = 60$
c) $4 \cdot 5 \cdot 5 = 100$ Die erste Ziffer darf nicht Null sein.
d) $4 \cdot 4 \cdot 3 = 48$ Die erste Ziffer darf nicht Null sein.

7 a) wahr, siehe A1
b) falsch, auch die Reihenfolge ist wichtig
c) falsch, auch die Art der Ziehung ist wichtig
d) wahr
e) wahr

8 a) 2 b) $2^6 = 64$
c) $\binom{6}{5} = 6$ d) $\frac{\binom{6}{5}}{2^6} = \frac{3}{32} \approx 9{,}38\,\%$

9 a) $\frac{\binom{4}{1}\binom{5}{1}\binom{3}{1}}{\binom{12}{3}} = \frac{3}{11} \approx 27{,}27\,\%$

b) $\frac{\binom{4}{2}\binom{5}{1}}{\binom{12}{3}} = \frac{3}{22} \approx 13{,}64\,\%$

c) Man unterscheidet in drei weiße und neun andersfarbige Kugeln: $\frac{\binom{9}{1}\binom{3}{2}}{\binom{12}{3}} = \frac{27}{220} = 12{,}27\,\%$

d) Man unterscheidet in drei weiße und neun andersfarbige Kugeln: $\frac{\binom{9}{3}}{\binom{12}{3}} = \frac{21}{55} = 38{,}18\,\%$

10 a) 5! = 120

b) 4! = 24

c) 4! = 24

d) $\frac{2 \cdot 4!}{5!} = \frac{2}{5} = 40\,\%$

11

$P(E) = \frac{5^4}{6^4} \approx 0{,}4823$
Ereignisse: a)

$P(E) = \frac{\binom{5}{3}}{\binom{6}{4}} = \frac{2}{3} \approx 0{,}667$
Ereignisse: c)

$P(E) = \frac{4}{6 \cdot 5 \cdot 4 \cdot 3} \approx 0{,}0111$
Ereignisse: d)

$P(E) = \frac{1}{6^4} \approx 0{,}0008$
Ereignisse: b), e)

12 a) 5! = 120

b) 3! = 6 (Es sind noch 3 Plätze beliebig zu belegen).

c) 3! · 8 = 48 (Es gibt 4 Möglichkeiten für zwei Plätze nebeneinander, auf denen Julian und Dick sitzen. Bei jeder davon kann Julian links oder rechts sitzen).

d) $\frac{4!}{5!} = \frac{1}{5}$ (Wenn Julian in der Mitte sitzt, sind die restlichen 4 Plätze beliebig zu belegen).

oder: $\frac{1}{5}$ (Jeder Platz ist für Julian gleich wahrscheinlich).

e) $\frac{2!}{5!} = \frac{1}{60} \approx 0{,}0167$ (Wenn 3 Plätze belegt sind, sind noch 2 beliebig zu belegen.)

oder: $\frac{1}{5} \cdot \frac{1}{4} \cdot \frac{1}{3} = \frac{1}{60} \approx 0{,}0167$

Diskrete Zufallsgrößen, Seite 31

1

a) Ereignis	{1; 2}	{3; 4; 5; 6}
x_i	−3	1
$P(X = x_i)$	$\frac{1}{3}$	$\frac{2}{3}$

b) Ereignis	{1; 2}	{3; 4}	{5; 6}
x_i	−1	−0,50	1
$P(X = x_i)$	$\frac{1}{3}$	$\frac{1}{3}$	$\frac{1}{3}$

2 siehe Baumdiagramm und Tabelle unten.

3

Ereignis	0W	1W	2W
x_i	−6	−1	4
$P(X = x_i)$	$0{,}5^2 = 0{,}25$	$2 \cdot 0{,}5^2 = 0{,}5$	$0{,}5^2 = 0{,}25$

4 Zum Beispiel:
In einer Lostrommel sind 100 Lose. Der Einsatz ist 2 €. Von den Losen sind 40 Nieten, 30 Gewinne zu 1 €, 5 Gewinne zu 2 €, 20 Gewinne zu 4 € und 5 Gewinne zu 7 €. Die Zufallsgröße gibt den Gewinn des Spielers nach Abzug des Einsatzes an.

Erwartungswert und Standardabweichung bei Zufallsgrößen, Seite 32

1 $E(X) = -2 \cdot 0{,}1 + (-1) \cdot 0{,}25 + 1 \cdot 0{,}3 + 1{,}5 \cdot 0{,}15 + 3 \cdot 0{,}2 = 0{,}675$

2 a)

X in €	0,50	−0,50	0
Ergebnisse	1	2; 3	4
$P(X = x_i)$	0,25	0,5	0,25

$E(X) = 0{,}5 \cdot 0{,}25 + (-0{,}5) \cdot 0{,}5 + 0 \cdot 0{,}25 = -0{,}125$

Der Spieler verliert durchschnittlich 12,5 Cent pro Spiel.

b) Es gibt viele Möglichkeiten, das Spiel fair zu gestalten, z. B.:

1. Möglichkeit

Die Gewinne bei einer 2 oder 3 ändern sich von 0 auf 0,25 €, der Rest bleibt wie gehabt.

x_i in €	0,50	−0,25	0
Ergebnisse	1	2; 3	4
$P(X = x_i)$	0,25	0,5	0,25

$E(X) = 0{,}5 \cdot 0{,}25 + (-0{,}25) \cdot 0{,}5 + 0 \cdot 0{,}25 = 0$

2. Möglichkeit

Der Gewinn bei einer 4 ändert sich von 0,50 € auf 1 €. Der Rest bleibt wie ursprünglich angegeben.

x_i in €	0,50	−0,50	0,50
Ergebnisse	1	2; 3	4
$P(X = x_i)$	0,25	0,5	0,25

$E(X) = 0{,}5 \cdot 0{,}25 + (-0{,}5) \cdot 0{,}5 + 0{,}5 \cdot 0{,}25 = 0$

3 $E(X) = 0 \cdot 0{,}955 + 1 \cdot 0{,}03 + 2 \cdot 0{,}01 + 3 \cdot 0{,}005 = 0{,}065$

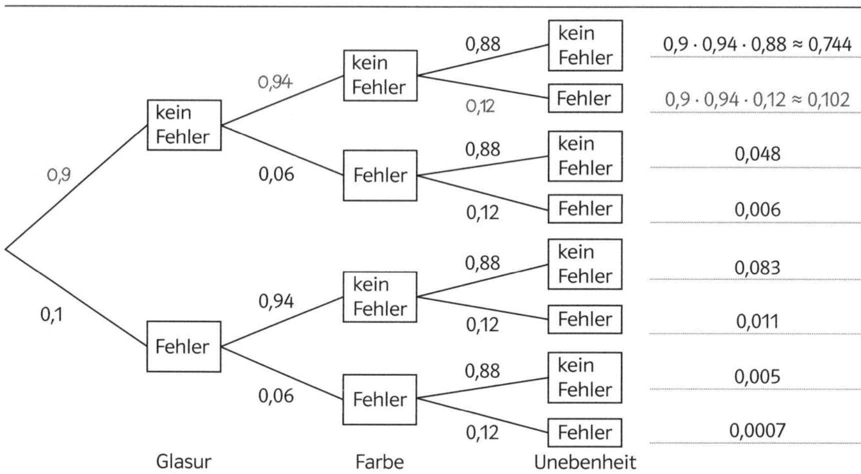

Baumdiagramm und Tabelle zu Aufgabe 2

x_i	0	1	2	3
$P(X = x_i)$	0,744	0,233	0,022	0,0007

4 a) Aus Sicht der Klasse

x_i	2,50	-2
$P(X = x_i)$	$\frac{16}{36}$	$\frac{20}{36}$

$E(X) = 2{,}50 \cdot \frac{16}{36} + (-2) \cdot \frac{20}{36} = 0$

Das Spiel ist fair. Die Klasse kann sich darauf einlassen.

b) Wenn die Zahlung des Lehrers unverändert bleibt:

$E(X) = 2{,}5 \cdot \frac{16}{36} + m \cdot \frac{20}{36} = 0{,}50$, also $m = -1{,}10$

Die Klasse zahlt dann nur 1,10 € statt 2 € bei 5, 6, 7 oder 8.

c) Wenn die Zahlung der Klasse unverändert bleibt:

$E(X) = t \cdot \frac{16}{36} + (-2) \cdot \frac{20}{36} = -0{,}20$, also $t = 2{,}05$

Der Lehrer zahlt bei 2 ,3, 4, 9, 10, 11 oder 12 nur 2,05 € statt 2,50 €.

Augensumme	Ergebnismenge	P
2	{(1; 1)}	$\frac{1}{36}$
3	{(1; 2), (2; 1)}	$\frac{2}{36}$
4	{(1; 3), (2; 2), (3; 1)}	$\frac{3}{36}$
5	{(1; 4), (2; 3), (3; 2), (4; 1)}	$\frac{4}{36}$
6	{(1; 5), (2; 4), (3; 3), (4; 2), (5; 1)}	$\frac{5}{36}$
7	{(1; 6), (2; 5), (3; 4), (4; 3), (5; 2), (6; 1)}	$\frac{6}{36}$
8	{(2; 6), (3; 5), (4; 4), (5; 3), (6; 2)}	$\frac{5}{36}$
9	{(3; 6), (4; 5), (5; 4), (6; 3)}	$\frac{4}{36}$
10	{(4; 6), (5; 5), (6; 4)}	$\frac{3}{36}$
11	{(5; 6), (6; 5)}	$\frac{2}{36}$
12	{(6; 6)}	$\frac{1}{36}$

5 a)

x_i in €	-4	0	7	15	95
$P(X = x_i)$	0,64	0,2	0,1	0,05	0,01

$E(X) = -0{,}16$

b) Der Verkäufer kann mit einem Überschuss von $500 \cdot 0{,}16 = 80$ € täglich rechnen.

6 $E(X) = ((5\,000\,000 - 150) + (100\,000 - 150) + (50\,000 - 150) + (10\,000 - 150)) \cdot 0{,}000000333 + (1000 - 150) \cdot 0{,}0333 + (900 - 150) \cdot 0{,}06 + (-150) \cdot 0{,}9067 \approx -60{,}98$

Es ist also durchschnittlich pro Spiel mit 60,98 € Verlust zu rechnen.

7 Mithilfe eines Baumdiagramms ergibt sich

P(kein blauer) $= \left(\frac{650}{1050}\right)^2 \approx 0{,}383$

P(ein blauer) $= 2 \cdot \left(\frac{400}{1050}\right) \cdot \left(\frac{650}{1050}\right) \approx 0{,}472$

P(zwei baue) $= \left(\frac{400}{1050}\right)^2 \approx 0{,}145$

$E(X) \approx 0 \cdot 0{,}383 + 1 \cdot 0{,}472 + 2 \cdot 0{,}145 = 0{,}762$

8 Mithilfe eines Baumdiagramms ergibt sich:

P(keine richtig) $= 0{,}75^3 \approx 0{,}422$

P(eine richtig) $= 3 \cdot 0{,}25 \cdot 0{,}75^2 \approx 0{,}422$

P(zwei richtig) $= 3 \cdot 0{,}25 \cdot 0{,}25 \cdot 0{,}75 \approx 0{,}141$

P(drei richtig) $= 0{,}25^3 \approx 0{,}016$

$E(X) = 0 \cdot 0{,}422 + 1 \cdot 0{,}422 + 2 \cdot 0{,}141 + 3 \cdot 0{,}016 = 0{,}752$

Er darf mit durchschnittlich 0,752 richtigen Antworten pro Test rechnen.

9 a) $E(X) = 70\,000$;

$$\sigma = \sqrt{\begin{array}{l} 0{,}05 \cdot (60\,000 - 70\,000)^2 + 0{,}35 \cdot (65\,000 - 70\,000)^2 \\ + 0{,}225 \cdot (70\,000 - 70\,000)^2 + 0{,}3 \cdot (75\,000 - 70\,000)^2 \\ + 0{,}075 \cdot (80\,000 - 70\,000)^2 \end{array}}$$

≈ 5362

b) Bei dem anderen Hersteller ist die Standardabweichung der Reifenhaltbarkeit bei gleichem Durchschnitt geringer. Darum ist für diesen Hersteller die Aussage „Der Reifen hält 70 000 km" verlässlicher.

10 Mithilfe eines Baumdiagramms ergibt sich

Anzahl Einsen x_i	0	1	2	3
$P(X = x_i)$	0,296	0,444	0,222	0,037

$E(X) = 1$

$\sigma = \sqrt{,296 \cdot (0-1)^2 + 0{,}444 \cdot (1-1)^2 + 0{,}222 \cdot (2-1)^2 + 0{,}037 \cdot (3-1)^2}$

$\approx 0{,}816$

Test, Seite 34

1 a) S = {(1; 1), (1; 2), (1; 3); (1; 4), (2; 1), (2; 2); (2; 3); (2; 4); (3; 1), (3; 2), (3; 3), (3; 4), (4; 1), (4; 2), (4; 3), (4; 4)}

b) A = {(1; 1), (1; 2), (2; 1)}

c) $P(A) = \frac{3}{16}$

2 a) falsch b) wahr c) falsch d) wahr e) wahr

3 a) A: Summe der angezeigten Zahlen kleiner als 9.

A = {(1; 1), (1; 2), (1; 4), (1; 5), (2; 1), (2; 2), (2; 4), (2; 5), (4; 1), (4; 2), (4; 4), (5; 1), (5; 2)}

Es gilt $P(A) = \frac{3}{8} = 0{,}375$

B: Summe der angezeigten Zahlen gleich 9

B = {(4; 5), (5; 4), (1; 8), (8; 1)}

$P(B) = \frac{3}{16} = 0{,}1875$

C: Summe der angezeigten Zahlen größer als 9

C = {(2; 8), (4; 8), (5; 5), (5; 8) (8; 2) (8; 4) (8; 5) (8; 8)}

$P(C) = \frac{7}{16} = 0{,}4375$

$E(X) = 0{,}375 \cdot 1{,}50 + 0{,}1875 \cdot (-1{,}50) + 0{,}4375 \cdot (-1)$

$= -0{,}15625 \approx -0{,}16$

Der Spieler verliert auf die Dauer 16 ct.

b) Zwei Möglichkeiten für ein faires Spiel (also $E(X) = 0$):

1. Möglichkeit: Der Spieler erhält 3,50 €, wenn die Summe kleiner als 9 ist; er erhält 1 €, wenn die Summe 9 ist und er geht leer aus, wenn die Summe größer als 9 ist.

$E(X) = 0{,}375 \cdot 2 + 0{,}1875 \cdot (-0{,}5) + 0{,}4375 \cdot (-1{,}5) = 0$

2. Möglichkeit: Der Spieler erhält 2,25 €, wenn die Summe kleiner als 9 ist; er geht leer aus, wenn die Summe 9 ist und er bekommt seinen Einsatz zurück, wenn die Summe größer als 9 ist.

$E(X) = 0{,}375 \cdot 0{,}75 + 0{,}1875 \cdot (-1{,}5) + 0{,}4375 \cdot 0 = 0$

4 a) A: Kind hat Abitur
kA: Kind hat kein Abitur
EA: mindestens ein Elternteil hat Abitur
EkA: kein Elternteil hat Abitur

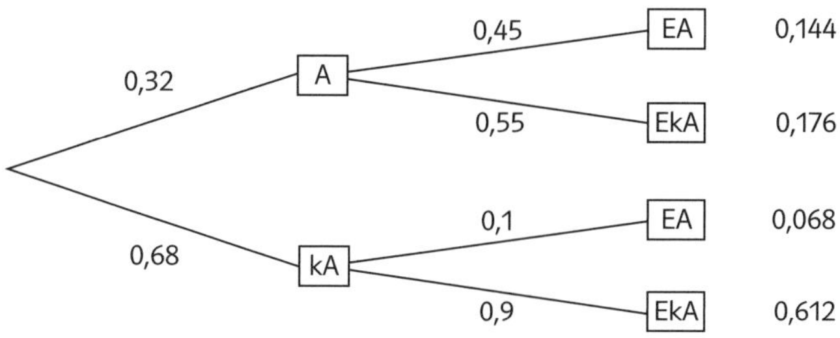

b)

	Elternteil mit Abitur	kein Elternteil hat Abitur	gesamt
Kind Abitur	0,144	0,176	0,32
Kind kein Abitur	0,068	0,612	0,68
Gesamt	0,212	0,788	1

c) Von den Eltern mit Abitur machen $\frac{0,144}{0,212} \approx 0,679 = 67,9\,\%$ der Kinder Abitur und 32,1 % machen kein Abitur. Von den Eltern ohne Abitur machen $\frac{0,176}{0,788} \approx 0,223 = 22,3\,\%$ der Kinder Abitur und 77,7 % machen kein Abitur.

Kurzer Artikel:
Herkunft entscheidet über Bildungsabschluss
Hat ein Elternteil Abitur, dann macht in 67,9 % der Fälle auch das Kind Abitur. Bei den Kindern, bei denen kein Elternteil Abitur hat, liegt der Anteil der Abiturienten bei nur 22,3 %. Insgesamt haben 21,2 % der Eltern Abitur.

5 a) $\binom{25}{5} = 53\,130$

b) $P(A) = \frac{\binom{16}{5} \cdot \binom{9}{0}}{\binom{25}{5}} = 0,082$

c) $P(A) = \frac{\binom{16}{3} \cdot \binom{9}{2}}{\binom{25}{5}} \approx 0,379$

6 a)

	Auto	ohne Auto	gesamt
Schülerinnen	518	769	1287
Schüler	632	421	1053
gesamt	1150	1190	2340

b) $P(\text{ohne Auto}) = \frac{1190}{2340} \approx 0,509$

III Binomialverteilung

Bernoulli-Experimente, Seite 35

1 A: nimmt Mayonnaise; $\overline{A}$: nimmt keine Mayonnaise;
$p = 0,35 + 0,25 = 0,6$; $q = 0,4$

2 A: buntes Auto; $p = 0,082 + 0,057 + 0,015 + 0,029 = 0,183$;
$q = 1 - p = 0,817$

3 a)

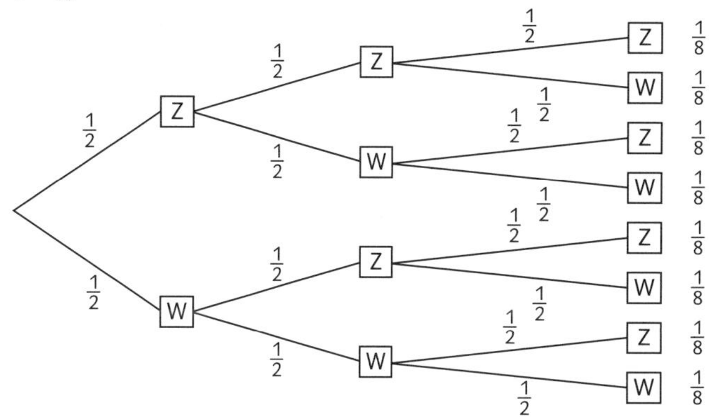

b) $P(\text{mind. } 2 \times \text{Zahl}) = P(2 \times \text{Zahl}) + P(3 \times \text{Zahl})$
$= 3 \cdot \frac{1}{8} + \frac{1}{8} = \frac{1}{2}$

4 a) Ja, bei jeder Durchführung bleiben die Wahrscheinlichkeiten gleich.
b) Nein, die Wahrscheinlichkeiten für Kopf und Zahl sind bei verschieden verbeulten Münzen nicht gleich.
c) Ja, durch das Zurücklegen bleiben die Wahrscheinlichkeiten bei jeder Ziehung gleich.
d) Ja, bei jeder Roulette-Drehung bleibt die Wahrscheinlichkeit für rot gleich.
e) Nein, die Zahl der Karten ändert sich für jede Ziehung und dadurch auch die jeweilige Wahrscheinlichkeit.

Binomialverteilung, – kumulierte Wahrscheinlichkeiten, Seite 36

1 a) $B_{100;\,0,6}(68) \approx 0,022$ b) $B_{10;\,0,2}(2) \approx 0,302$
c) $B_{100;\,0,19}(15) \approx 0,064$ d) $B_{50;\,0,25}(12) \approx 0,129$
e) $P(2 \le X \le 4) \approx 0,450 - 0,026 = 0,424$

2 $n = 7$; $k = 6$; $p = 0,8$; $q = 0,2$;
$B_{7;\,0,8}(6) = \binom{7}{6} \cdot 0,8^6 \cdot 0,2^1 \approx 0,367$

3 a) $B_{5;\,0,6}(3) \approx 0,346$ b) $B_{5;\,0,4}(2) \approx 0,346$
c) Die Ergebnisse müssen gleich sein, da bei fünf Versuchen genau drei Treffer gleichbedeutend mit genau zwei Nieten ist.

4 a) $B_{5;\,0,25}(5) \approx 0,001$ b) $B_{5;\,0,25}(4) \approx 0,015$
c) $B_{5;\,0,25}(2) \approx 0,264$ d) $P(0 \le X \le 1) \approx 0,633$

5 a) $P(32 < X < 41) \approx 0{,}543 - 0{,}062 = 0{,}481$
b) $P(2 \le X < 4) \approx 0{,}879 - 0{,}376 = 0{,}503$
c) $P(X < 2) \approx 0{,}642$

6 $n = 25;\ p = 0{,}4;\ q = 0{,}6;$
$P(4 \le X \le 9) = P(X \le 9) - P(X \le 3) = F_{25;0,4}(9) - F_{25;0,4}(3)$
$\approx 0{,}425 - 0{,}002 = 0{,}423$

7 Damit sind $n = 100$, $p = 0{,}5$ und $q = 0{,}5$
siehe Tabelle unten

8 Paul hat nicht recht, da auch 0 Treffer auftreten können und darum die Wahrscheinlichkeit von 0 verschieden sein kann. Beispiel: Beim zweimaligen Werfen einer Münze, kann es sein, dass keinmal Zahl fällt. Die Wahrscheinlichkeit dafür beträgt $B_{2;\,0,5}(0) = 0{,}25$.

9

mehr als 10 und weniger als 17	$P(E) \approx 0{,}605$
mindestens 13	$P(E) \approx 0{,}777$
weniger als 20	$P(E) \approx 0{,}915$
mehr als 15	$P(E) \approx 0{,}431$
mindestens 12 und höchstens 14	$P(E) \approx 0{,}308$

10 X ist binomialverteilt mit $n = 100$ und $p = 0{,}6$
a) $P(X = 60) \approx 0{,}081$
b) $P(50 < X \le 100) \approx 0{,}973$
c) $P(50 \le X \le 65) \approx 0{,}853$

11 $n = 24;\ p = 0{,}1$
a) falsch; $P(E) \approx 0{,}213$ b) wahr
c) falsch; $P(E) \approx 1$ d) wahr

12 X ist binomialverteilt mit den Parametern $n = 100$ und $p = 0{,}3$.
a) $P(50 < X \le 100) \approx 0{,}000009$ b) $P(0 \le X < 20) \approx 0{,}009$
c) $P(25 < X \le 37) \approx 0{,}784$ d) $P(40 < X \le 100) \approx 0{,}012$

13 a) 20,23 % b) 61,72 % c) 10,18 % d) wie b) 61,72 %
e) 0,39 % f) 0,31 % g) 58,50 % h) 20,04 %

14 A-d-IV; B-a-II; C-b-III; D-c-I

Problemlösen mit der Binomialverteilung, Seite 39

1 a) n muss mindestens 30 sein.
b) n muss mindestens 31 sein.
c) $P(X \ge 15) = 1 - P(X \le 14 \ge 0{,}85)$; also $P(X \le 14 \le 0{,}15)$.
Somit muss n mindestens 29 sein.

2 a) p liegt zwischen 0,400 und 0,405, also ist $p \approx 0{,}40$.
b) p liegt zwischen 0,415 und 0,420, also ist $p \approx 0{,}42$.
c) $P(X \ge 25) = 1 - P(X \le 14) = 0{,}12$, also $P(X \le 24) = 0{,}88$.
Somit liegt p zwischen 0,405 und 0,410, also ist $p \approx 0{,}41$.

3 a) k muss mindestens 6 sein.
b) k muss mindestens 8 sein.
c) k muss mindestens 7 sein.

4 Es soll gelten $P(X \ge 10) = 1 - P(X \le 9 \ge 0{,}9)$.
Dies entspricht $P(X \le 9) \le 0{,}1$.
Mithilfe der Tabelle ergibt sich die Mindestzahl $n = 40$.

n	$P(X \le 9)$
38	0,137
39	0,115
40	0,097

5 Zugehörige Typen von Problemstellungen: 2; 1; 2; 3; 4; 1; 3; 2

6 X ist binomialverteilt mit $p = 0{,}44$; n ist gesucht. Es soll gelten $P(X \ge 18) = 1 - P(X \le 17) \ge 0{,}9$.
Dies entspricht $P(X \le 17) \le 0{,}1$.

n	$P(X \le 17)$
48	0,146
49	0,121
50	0,095

Mindestzahl: $n = 50$.
Also muss man mindestens 50 Menschen zufällig auswählen, um mit einer Wahrscheinlichkeit von mindestens 90 % mindestens 18 mit Blutgruppe A zu erhalten.

7 X zählt, wie viele Schülerinnen und Schüler der Gruppe Spanisch lernen.
X ist binomialverteilt mit dem Parameter $p = 0{,}4$, n ist gesucht.
Es soll $P(X \ge 5) \ge 0{,}9$ gelten.
Es ist $P(X \ge 5) = 1 - P(X \le 4)$. Also muss $P(X \le 4) < 0{,}1$ sein.
Mit dem Rechner erhält man für $n = 17$ den Wert $P(X \le 4) \approx 0{,}126$ und für $n = 18$ den Wert $P(X \le 4) \approx 0{,}094$.
Die Gruppe muss mindestens 18 Schülerinnen und Schüler umfassen, damit mit einer Wahrscheinlichkeit von mindestens 90 % mindestens fünf darunter Spanisch lernen.

8 a) X ist binomialverteilt mit $n = 10$ und $p = 0{,}8$.
$P(X \ge 8) = 1 - P(X \le 7) \approx 0{,}678$.
Die Wahrscheinlichkeit, bei zehn Freiwürfen mindestens achtmal zu treffen, beträgt ca. 67,8 %.
b) Y ist binomialverteilt mit $n = 10$ und $p = 0{,}85$.
$P(Y \ge 8) = 1 - P(Y \le 7) \approx 0{,}820$.
Die Wahrscheinlichkeit, bei zehn Freiwürfen mindestens achtmal zu treffen, beträgt ca. 82,0 %.
c) Z ist binomialverteilt mit $n = 10$; p ist gesucht. Es soll gelten $P(Z \ge 8) = 1 - P(Z \le 7) \ge 0{,}8$.
Dies entspricht $P(Z \le 7) \le 0{,}2$.

Tabelle zu Aufgabe 7

Ereignis	P(E)	Berechnung	Wahrscheinlichkeit
Mindestens 40 und höchstens 55 Wappen	$P(40 \le X \le 55)$	$P(X \le 55) - P(X \le 39)$	$0{,}864 - 0{,}018 = 0{,}846$
Mehr als 40 Wappen	$P(40 < X \le 100)$	$P(X \le 100) - P(X \le 40)$	$1 - 0{,}028 = 0{,}972$
Mindestens 40 und höchstens 60 Wappen	$P(40 \le X < 61)$	$P(X \le 60) - P(X \le 39)$	$0{,}982 - 0{,}018 = 0{,}964$
Mindestens 30 Wappen	$P(30 \le X \le 100)$	$1 - P(X \le 29)$	$1 - 0{,}00001 \approx 1$
Höchstens 50 Wappen	$P(X \le 50)$	$P(X \le 50)$	0,540

p	$P(Z \le 7)$
0,835	0,220
0,840	0,206
0,845	0,193

Mithilfe der Tabelle ergibt sich, dass p zwischen 0,840 und 0,845 liegt. Also ist p auf zwei Nachkommastellen gerundet 0,84.
Der Spieler müsste eine Trefferwahrscheinlichkeit von 84 % haben.

9 a) X ist binomialverteilt mit $n = 30$ und $p = \frac{1}{4}$.
Es ist $P(X \ge 10) = 1 - P(X \le 9) \approx 0{,}197$.
Die Wahrscheinlichkeit, mindestens 10 Antworten richtig zu haben, beträgt ca. 19,7 %.
b) Y ist binomialverteilt mit $n = 30$ und $p = \frac{1}{4}$.

Es ist die kleinste Zahl k gesucht mit $P(Y \ge k) \le 0{,}05$. Wegen $P(Y \ge k) = 1 - P(Y \le k - 1)$ muss also $P(Y \le k - 1) \ge 0{,}95$ sein.

k − 1	$P(Y \le k - 1)$
10	0,894
11	0,949
12	0,978

Aus der Tabelle ergibt sich $k - 1 = 12$. Also ist $k = 13$.
Es müssen für das Bestehen mindestens 13 richtige Antworten gefordert werden.

10 a) 0,86 %
b) mindestens 537 Vögel
c) Die Wahrscheinlichkeit muss mindestens 0,0338 betragen. Also müssten mindestens 268 Vögel markiert worden sein.

Erwartungswert und Standardabweichung, Seite 42

1 a) $\mu = 100 \cdot 0{,}3 = 30$; $\sigma = \sqrt{100 \cdot 0{,}3 \cdot 0{,}7} \approx 4{,}58$
b) $\mu = 100 \cdot 0{,}4 = 40$; $\sigma = \sqrt{100 \cdot 0{,}4 \cdot 0{,}6} \approx 4{,}90$
c) $\mu = 100 \cdot 0{,}5 = 50$; $\sigma = \sqrt{100 \cdot 0{,}5 \cdot 0{,}5} = 5$
d) $\mu = 50 \cdot 0{,}3 = 15$; $\sigma = \sqrt{50 \cdot 0{,}3 \cdot 0{,}7} \approx 3{,}24$

2 $\mu = 75 \cdot 0{,}2 = 15$; $\sigma = \sqrt{75 \cdot 0{,}2 \cdot 0{,}8} \approx 3{,}46$

3 $\mu = 700 \cdot 0{,}27 = 189$; $\sigma = \sqrt{700 \cdot 0{,}27 \cdot 0{,}73} \approx 11{,}75$

4 a) $n = 10$; $V = 2{,}4$
b) $\mu = 3$; $V = 2{,}4$
c) $\mu = 13$; $p = 0{,}5$; $n = 26$
d) $\mu = 18$; $p = 0{,}9$; $V = 1{,}8$

Test, Seite 43

1 Bernoulli-Ketten sind a, b, c, e und g.

2 a) $B_{50;0,5}(24 < X < 30) = F_{50;0,5}(29) - F_{50;0,5}(24) \approx 0{,}899 - 0{,}444 = 0{,}455$
b) $B_{10;0,4}(3 \le X < 6) = F_{10;0,4}(5) - F_{10;0,4}(2) \approx 0{,}834 - 0{,}167 = 0{,}667$

3 a) Die einzelnen Zufallszahlen sind unabhängig voneinander und die Wahrscheinlichkeit für jede Zahl ist gleich groß. Damit ist die Wahrscheinlichkeit für eine durch 3 teilbare Zahl $\frac{13}{40}$, denn die Zahlen {3; 6; 9; 12; 15; 18; 21; 24; 27; 30; 33; 36; 39} sind durch 3 teilbar.
Also ist $n = 10$ und $p = \frac{13}{40}$.

b)

$P(X = 0) = 0{,}0196$	$P(X = 3) = 0{,}2630$	$P(X = 5) = 0{,}1280$
$P(X \le 3) = 0{,}5820$	$P(X \ge 5) = 0{,}1964$	$P(2 \le X \le 6) = 0{,}8689$

4 Die Zufallsgröße X gibt die Anzahl der Dinosaurier an.
X ist binomialverteilt mit $p = \frac{1}{6}$
a) $P(A) = \binom{60}{10} \cdot \left(\frac{1}{6}\right)^{10} \cdot \left(\frac{5}{6}\right)^{50} \approx 0{,}137$
b) $P(12 \le X \le 15) = P(X \le 15) - P(X \le 11) \approx 0{,}310$

5 a) $B_{100;0,4}(X = 40) \approx 0{,}081$
b) $B_{100;0,4}(30 < X \le 100) = 1 - F_{100;0,4}(30) \approx 1 - 0{,}025 = 0{,}975$
c) $B_{100;0,4}(30 \le X \le 55) = F_{100;0,4}(55) - F_{100;0,4}(29) \approx 0{,}999 - 0{,}015 = 0{,}984$

6 Die Zufallsgröße X gibt die Anzahl der unbrauchbaren Schrauben an. X ist binomialverteilt mit $n = 300$ und $p = 0{,}1$.
a) $\mu = 300 \cdot 0{,}1 = 30$; $\sigma = \sqrt{300 \cdot 0{,}1 \cdot 0{,}9} \approx 5{,}2$
b) $P(30 - 2 \cdot 5{,}2 \le X \le 30 + 2 \cdot 5{,}2) \approx P(20 \le X \le 40) \approx 0{,}95$
Die Wahrscheinlichkeit, dass die Anzahl der fehlerhaften Schrauben im 2-σ-Intervall um den Erwartungswert liegt, beträgt etwa 95 %.

7 a) $n = 100$, $p = 0{,}02$; $P(X \ge 1) = 86{,}74\,\%$
b) $\mu = 2$
c) $p = 0{,}02$, $k = 0$, n gesucht. Er darf höchstens 11 Kirschen nehmen.
d) $n = 100$, $k = 0$, p gesucht. Die Wahrscheinlichkeit darf höchstens 0,2229 % betragen.

Quellennachweis

Da-Tex Gerd Blumenstein, Leipzig, **3.1**; **4.1**; **5.1**; **5.2**; **5.3**; **5.4**; **6.1**; **6.2**; **7.1**; **7.2**; **10.1**; **10.2**; **12.1**; **13.1**; **13.2**; **16.1**; **16.2**; **16.3**; **16.4**; **16.5**; **16.6**; **16.7**; **17.1**; **17.2**; **17.3**; **17.4**; **20.1**; **22.1**; **22.2**; **22.3**; **23.1**; **23.2**; **24.1**; **27.1**; **31.1**; **32.1**; **34.1**; **35.1**; **42.1**; **45.1**; **45.2**; **45.3**; **45.4**; **46.1**; **49.1**; **49.2**; **49.3**; **49.4**; **49.5**; **50.1**; **50.2**; **50.3**; **50.4**; **50.5**; **52.1**; **52.2**; **52.3**; **52.4**; **52.5**; **54.1**; **54.2**; **55.1**; **57.1**; **57.2**; imprint, Zusmarshausen, **42.3**; **42.4**; **42.5**; **42.6**; **47.1**; **51.1**; **51.2**; Oehler, Sandra, Remseck, **14.1**; **42.2**; Riemer, Dr. Wolfgang, Pulheim, **31.1**; ShutterStock.com RF, New York (Aleksandr Rybalko), **U1.2**; ShutterStock.com RF, New York (WDCPhotographer), **U1.1**;